日本音響学会 編

音響学講座

3

建築音響

阪上　公博

編著

豊田　政弘　　佐藤　逸人

羽入　敏樹　　尾本　　章

共著

▼

コロナ社

「音響学講座」発刊にあたって

音響学は，本来物理学の一分野であり，17世紀にはその最先端の学問分野であった。その後，物理学の主流は量子論や宇宙論などに移り，音響学は，広い裾野を持つ分野に変貌していった。音は人間にとって身近な現象であるため，心理的な側面からも音の研究が行われて，現代の音響学に至っている。さらに，近年の計算機関連技術の進展は，音響学にも多くの影響を及ぼした。日本音響学会は，1977年以来，音響工学講座全8巻を刊行し，わが国の音響学の発展に貢献してきたが，近年の急速な技術革新や分野の拡大に対しては，必ずしも追従できていない。このような状況を鑑み，音響学講座全10巻を新たに刊行するものである。

さて，音響学に関する国際的な学会活動を概観すれば，音響学の物理／心理的な側面で活発な活動を行っているのは，米国音響学会（Acoustical Society of America）であろう。しかしながら，同学会では，信号処理関係の技術ではどちらかというと手薄であり，この分野はIEEEが担っている。また，録音再生の分野では，Audio Engineering Societyが活発に活動している。このように，国際的には，複数の学会が分担して音響学を支えている状況である。これに対し，日本音響学会は，単独で音響学全般を扱う特別な学会である。言い換えれば，音響学全体を俯瞰し，これらを体系的に記述する書籍の発行は，日本音響学会ならではの活動ということができよう。

本講座を編集するにあたり，いくつか留意した点がある。前述のとおり本講座は10巻で構成したが，このうち最初の9巻は，教科書として利用できるよう，ある程度学説的に固まった内容を記述することとした。また，時代の流れに追従できるよう，分野ごとの巻の割り当てを見直した。旧音響工学講座では，共通する基礎の部分を除くと，6つの分野，すなわち電気音響，建築音響，騒音・振動，聴覚と音響心理，音声，超音波から成り立っていたが，そのうち，当時社会問題にもなっていた騒音・振動に2つの巻を割いていた。本講座では，昨今の日本音響学会における研究発表件数などを考慮し，騒音・振動に関する記述を1つの巻にまとめる代わりに，音声に2つの巻を割り当てた。さらに，音響工学講座では扱っていなかった音楽音響を新たに追加すると共に，これからの展開が期待される分野をまとめた第10巻「音響学の展開」を刊行することとし，新しい技術の紹介にも心がけた。

本講座のような音響学を網羅・俯瞰する書籍は，国際的に見ても希有のものと思われる。本講座が，音響学を学ぶ諸氏の一助となり，また音響学の発展にいささかなりとも貢献できることを，心から願う次第である。

2019年1月

安藤彰男

「音響学講座」の全体構成は以下のようになっている。

第1巻　基礎音響学
第2巻　電気音響
第3巻　建築音響
第4巻　騒音・振動
第5巻　聴覚
第6巻　音声（上）
第7巻　音声（下）
第8巻　超音波
第9巻　音楽音響
第10巻　音響学の展開

まえがき

建築音響学と呼ばれる分野は，19 世紀末のセイビン（W. C. Sabine，米国）による残響時間の研究に端を発するとされ，以後，欧米では architectural acoustics あるいは building acoustics などと呼ばれ，主として室内の音環境を対象とした研究分野として発展してきた。また，建築物における音環境の問題の多くが，閉空間すなわち室内の音場の問題であることから，建築音響学を室内音響学（room acoustics）と称する扱いもある。しかし，建築物やその周辺環境の多様化，複雑化に伴い，単に室内だけでなく建築およびそれを取り巻く環境全体の音響的問題を扱うようになりつつあり，環境音響学（environmental acoustics）という概念も定着しつつある。

建築音響学の特徴の 1 つとしては，単に物理現象を解きその音環境を表現する物理量を求めるだけでなく，それに対してヒトがどのように反応し，また評価するかを考慮することも必要となる点があげられる。これは，建築物の多くはヒトが居住し，あるいは利用することを目的とすることから考えると当然であり，建築学の 1 つの領域としても位置付けられる重要なポイントである。

そのため，単に建築物やその周辺において生じる物理的な音響現象を解明し制御するのみならず，ヒトの聴覚の特性も考慮してそれを精神物理学的な手法によって評価していくことが求められる。したがって，音響物理のさまざまな基礎事項の応用とともに，ヒトの聴覚の特性，心理的な特性も併せて建築音響学が成り立っていると考えなければならない。また，建築物の大規模化や多様化に伴い，電気音響設備を用いることが一般化しているため，その基礎事項についても建築での応用の視点から音環境の理解のために必要である。このように，広範な知識を要する広がりを持っている。

本書では，上記の視点から，基礎事項として単に物理的な内容のみならず聴覚や聴覚心理の基礎に関わる内容や，建築物で利用される電気音響設備についても，建築音響学を学ぶうえで必要な範囲で網羅した。基礎事項については，『基礎音響学』（音響学講座1，コロナ社，2019年）に詳しく述べられているが，本書の1章では，建築音響分野に特有のものや，特に必要とされる基礎知識をまとめてあるので，必要に応じて『基礎音響学』も参照しながら読み進めていただきたい。2章では，上述の「室内音響学」にあたる内容であり，室内の音場という建築音響学では中心となる問題について，物理的な取扱いと心理的な評価について，重要な知見をまとめてある。3章は，吸音と遮音について述べたものであるが，これらは建築に限らず音環境を制御する手段として重要な音響材料や，その仕組みについてできる限り詳しく取り上げた。4章は音響設計について，応用的かつ類書には少ない内容を盛り込んでおり，本書の特徴の1つである。音響設計というとコンサートホールだけを想起しがちであるが，それ以外のあらゆる場面で音響設計が重要な役割を果たすことをご理解いただきたい。5章も本書の特徴であるが，室内に限らず，さまざまな建築物において今や必須となった拡声装置をはじめとする各種電気音響設備について，建築音響の立場から述べており，類書は少ないと思われる。よりよい音環境を実現するためにぜひご一読いただきたい。なお，以上いずれの章についても，新しい研究成果も踏まえて，建築音響学として必須の事項を解説している。

本書の執筆にあたって，音響学各分野において共通となる基礎事項については，本音響学講座の関連分野の巻を参照いただくとして，建築物の音環境に関わる諸問題を扱ううえでの応用的な側面に焦点を当て，音響学の基礎的な内容を学んだ方が，建築音響学の全体像を把握することができるよう心掛けた。本書によって，建築音響学についての理解をよりいっそう深めていただければ幸いである。なお，執筆分担は以下のとおりである。

豊田政弘（1章，3章），　佐藤逸人（1章，2章），　羽入敏樹（2章，4章），
阪上公博　（3章），　尾本　章（4章，5章）

2019年8月

阪上公博

目　　次

1章　音 の 基 礎

3章　吸音と遮音

4章 音響設計

5章 電気音響設備

1章 音 の 基 礎

◆本章のテーマ

“音とは何か” という問いに正確に答えることは，じつはそれほど簡単ではないが，媒質を伝わる弾性波動である音波，もしくは，その音波を聴覚や触覚を通じて知覚した感覚を音と呼んで差し支えないものと思われる。前者であれば物理的な観点から，後者であれば心理的な観点から，音の状態を表現し，性質を説明することができる。本章では，２章以降の建築音響学に関する専門的，応用的な解説を読み解くために必要な音の基礎事項を，物理と心理の両面から述べる。

◆本章の構成（キーワード）

1.1　音波の記述
　　正弦波，振幅，周波数，波形，重ね合わせ，フーリエ変換，スペクトル
1.2　音波の分類
　　純音，複合音，雑音，騒音，球面波，円筒波，平面波
1.3　音波の物理量
　　比音響インピーダンス，音響インテンシティ，音響パワー，音響エネルギー密度
1.4　音波の性質
　　反射，吸音，透過，干渉，回折，散乱，屈折，共鳴，放射
1.5　純音の知覚
　　可聴範囲，ラウドネス，ピッチ
1.6　複合音の知覚
　　マスキング，音脈分凝，調波構造，音色，マスクトラウドネス
1.7　音声の知覚
　　母音，子音，明瞭度，了解度，音声レベル
1.8　両耳効果
　　両耳加算，方向知覚，両耳マスキングレベル差

1.1 音波の記述

ここでは，音波の特徴を客観的に表現するための方法について述べる。

1.1.1 1次元波動方程式の解（ダランベールの解）

空気の微小な体積を切り取れば，その中には窒素や酸素などの多種の分子が存在しているが，それらをマクロにとらえ，微小な体積を均質な1つの物体とみなしたものを**空気粒子**（air particle）と呼ぶ。空気粒子は質量を持ち，力を加えれば運動する。その運動の速度を**粒子速度**（particle velocity）と呼ぶ。

空気粒子が空気以外の物体に接していない場合，それに加わる力は周囲の空気粒子の存在に起因する**大気圧**（atmospheric pressure）とそれらの運動に起因する**音圧**（sound pressure）である。音圧は空気粒子にかかる圧力の大気圧からの変動量を表しており，周囲の空気から押されていれば正，引っ張られていれば負の値をとる。また，空気粒子を圧縮や膨張させれば，元の体積に戻ろうとする力を生じる。この性質を**弾性**（elasticity）と呼ぶ。これと空気粒子の**慣性**（inertia）により，音圧の振動が周囲の空気粒子につぎつぎと伝わって波動となったものが**音波**（sound wave）である。

空気中を伝わる音波は音圧の振動，すなわち，圧縮と膨張の変化が伝搬する**疎密波**（compressive wave または dilatational wave）であり，これは**媒質**（medium）である空気粒子の運動方向と波の伝搬方向が一致する**縦波**（longitudinal wave）である。一方，水面に生じる波のように媒質の運動方向と波の伝搬方向が直交する波を**横波**（transverse wave）と呼ぶ。

粘性などによる減衰を無視すれば，音波の振る舞いは**波動方程式**（wave equation）によって支配される[†]。

$$\frac{\partial^2 p}{\partial t^2} - c^2 \nabla^2 p = 0 \tag{1.1}$$

ここで，p〔Pa（$=\mathrm{N/m^2}$）〕は音圧，t〔s〕は時間，c は定数である。簡単のた

† 音響学講座1『基礎音響学』の式（2.90）参照。

めに，x〔m〕方向の１次元空間を考えれば，式 (1.1) は

$$\frac{\partial^2 p}{\partial t^2}=c^2\frac{\partial^2 p}{\partial x^2} \tag{1.2}$$

となり，弦の振動を表す方程式[†1]と同じ形の式となる。したがって，その一般解は

$$p(x,t)=p^+(x-ct)+p^-(x+ct) \tag{1.3}$$

となる[†2]。これを**ダランベールの解**（d'Alembert's solution）と呼ぶ。**図 1.1** に示すように，$p^+(x-ct)$ は，$t=0$ における音圧の空間分布 $p^+(x)$ を ct だけ x の正方向に平行移動した関数である。分布が時間 t をかけてその位置まで移動したと考えれば，その移動速度は c〔m/s〕であり，これをその波の**位相速度**（phase speed）と呼ぶ。音波の位相速度を特に**音速**（sound speed）と呼ぶ。ここで，$p^+(x-ct)$ は x の正方向に伝搬する波を，$p^-(x+ct)$ は x の負方向に伝搬する波を表し，それぞれ**進行波**（progressive wave），**後退波**（regressive wave）と呼ぶ。また，音波が伝搬する空間を**音場**（sound field）と呼ぶ。

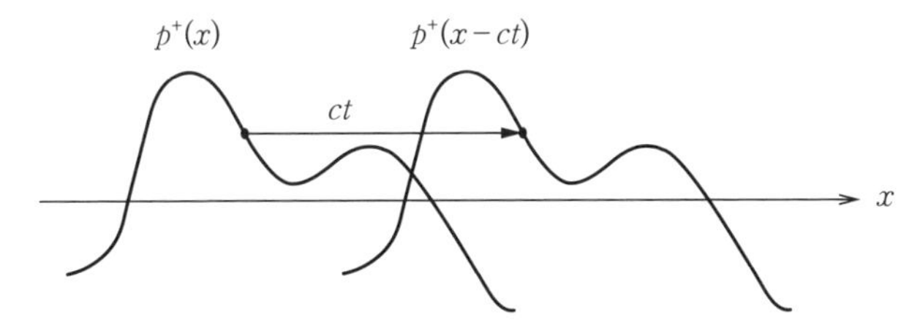

図 1.1　空間分布関数の平行移動

さて，正の定数 P，k，および ω を用いて

$$p(x,t)=P\sin(kx-\omega t) \tag{1.4}$$

を考える。これがダランベールの解の１つであるためには，$kx-\omega t$ が $x-ct$ の定数倍，すなわち

$$k=\frac{\omega}{c} \tag{1.5}$$

---

†1　音響学講座 1『基礎音響学』の式 (2.23) 参照。
†2　音響学講座 1『基礎音響学』の式 (2.25) 参照。

でなければならない。このとき，式 (1.4) は音速 c で x の正方向に伝搬する**正弦波** (sine wave) を表し，P〔Pa〕を**振幅** (amplitude)，k〔rad/m〕を**波数** (wave number)，ω〔rad/s〕を**角周波数** (angular frequency)，sin の括弧内の値 $(kx-\omega t)$〔rad〕を**位相** (phase) と呼ぶ。任意の位置に着目したとき，その位置での波の時間変化を**波形** (waveform) と呼ぶ。正弦波の波形は，位相が 2π〔rad〕変化するたびに，すなわち，$T=2\pi/\omega$〔s〕ごとに同じ値をとり，この T を**周期** (period) と呼ぶ。また，周期の逆数 $f=1/T=\omega/(2\pi)$〔Hz (=1/s)〕は 1 秒間に何回同じ波形が繰り返されるかを表し，これを**周波数** (frequency) と呼ぶ。一方，任意の時刻に着目したとき，空間中において音波の状態が同じである点，例えば，正弦波で同位相の点を結んでできる面を**波面** (wave front) と呼ぶ。

なお，波動の計算を容易にするために，複素数を用いて，正弦波を

$$p(x,t)=P\exp[j(kx-\omega t)]=P[\cos(kx-\omega t)+j\sin(kx-\omega t)] \tag{1.6}$$

と表記する場合も多い。ここで，j は虚数単位である。実際の物理現象として観測される正弦波を，複素平面に描かれた円上を周回する点の実軸への投影（複素数の実部）と解釈することによる表現である。したがって，式 (1.4) とは位相が 90° ずれているが，式 (1.6) の実部の波形は正弦波のものと同じである。一方，虚部は，数理物理的な整合性を確保しつつ，便宜上付け加えられていると考えてよい。この複素数表記によって，特に波動の微積分が容易になる。また，ある点に着目する際，時間に関する部分のみを指数表記し，複素数 P を用いて

$$p(t)=P\exp(-j\omega t) \tag{1.7}$$

とすることもある。

1.1.2　重ね合わせの原理

ある関数 $F(x)$ について，定数 C_1，C_2 を用いて $F(C_1x_1+C_2x_2)=C_1F(x_1)+C_2F(x_2)$ が成り立つ場合，この関数，もしくは，x と $F(x)$ をそれぞれ入力と出力とした入出力系は**線形** (linear) であるという。線形であるということは，

複数の入力の**線形和**（linear sum）に対する出力，すなわち，それぞれを定数倍したものの足し合わせに対する出力が，それぞれの入力に対する出力の線形和となることを意味している。このとき，その入出力系には**重ね合わせの原理**（superposition principle）が成り立つという。

さて，式(1.1)中の微分演算を入出力系とみれば，これらは線形である。したがって，式(1.1)を満たす複数の解の線形和もまた式(1.1)の解となる。このように，式(1.1)により記述される系は線形であり，ここにも重ね合わせの原理が成り立つ。例えば，**図1.2**に示すように，複数の音源が設置された音場は，それぞれの音源を個別に設置した場合の音場を足し合わせたものと等しい。

図1.2　音場の足し合わせ

1.1.3　周波数分析

任意の周期的な波形は，その周期に関連した複数の**余弦波**（cosine wave）と正弦波の足し合わせで表現することができる。これを**フーリエ級数展開**（Fourier series expansion）と呼ぶ。例えば，周期 T_0 の周期的波形は $n=0, 1, 2, \cdots$ として $\cos(2\pi nt/T_0)$ と $\sin(2\pi nt/T_0)$ にそれぞれ適当な係数 a_n と b_n を掛けて足し合わせることで表現できる。これらの係数を**フーリエ係数**（Fourier coefficient）と呼ぶ。また，任意の n についての足し合わせを

$$a_n \cos\left(\frac{2\pi n}{T_0}t\right) + b_n \sin\left(\frac{2\pi n}{T_0}t\right) = c_n \sin\left(\frac{2\pi n}{T_0}t + d_n\right) \tag{1.8}$$

と変形すれば，c_n と d_n は，それぞれ周波数 $nf_0 = n/T_0$ の正弦波の振幅と位相

差を表し，**図 1.3** に示すように，複数の周波数の正弦波に適切な振幅と位相差を与えて足し合わせることで，任意の周期的な波形が表現されることを示している。

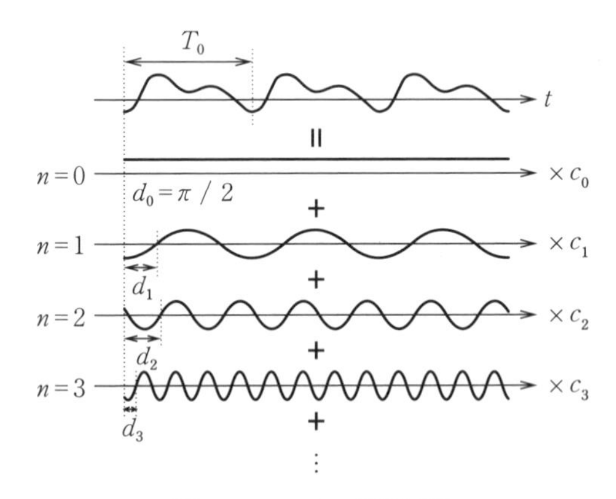

図 1.3　フーリエ級数展開

図 1.4 に示すように，横軸に周波数 f，縦軸に c_n をプロットすれば，元の波形にどの周波数の正弦波がどの程度の大きさで含まれているかを表すことができる。このような周波数の関数を**スペクトル**（spectrum）と呼び，特に縦軸を振幅としたものを**振幅スペクトル**（amplitude spectrum）と呼ぶ。また，周期的な波形のスペクトルは図に示すように飛び飛びの周波数に値を持ち，これを**離散スペクトル**（discrete spectrum）と呼ぶ。

さて，有限の時間で収束する周期的でない波形を周期 T_0 が無限大の周期的

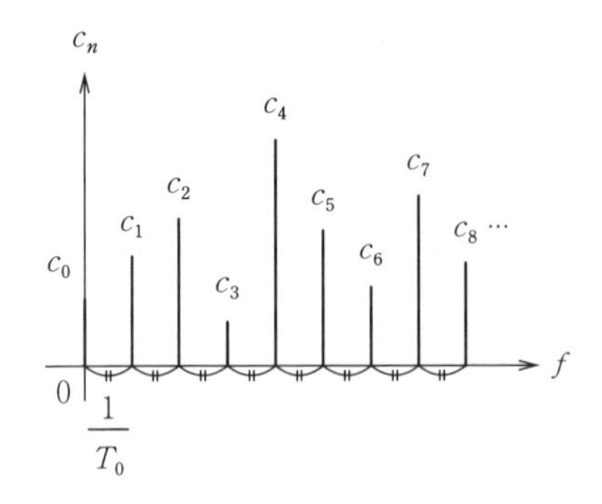

図 1.4　振幅スペクトル

波形であると考えれば，飛び飛びであったスペクトルの周波数間隔 $1/T_0=f_0$ が無限小になり，離散的に定義されていたフーリエ係数は周波数に関して連続的に値を持つことになる。このようなスペクトルを**連続スペクトル**（continuous spectrum）と呼び，これを求める処理を**フーリエ変換**（Fourier transform）と呼ぶ。波形とスペクトルには1対1の対応関係があり，波形を**時間特性**（transient characteristics），スペクトルを**周波数特性**（frequency characteristics）と呼ぶ場合もある。

1.2 音 波 の 分 類

ここでは，スペクトルと波面形状に着目し，音波を分類する。

1.2.1 スペクトルによる分類

音波が正弦波で表される場合，それにより生じる音を**純音**（pure tone）と呼ぶ。純音のスペクトルはその正弦波の周波数のみに成分を持つ離散スペクトルとなる。純音の例としては，音叉（さ）が発する音や時報の音などが挙げられる。一方，純音以外の音，すなわち，複数の正弦波で構成される音波によって生じる音を**複合音**（complex tone）と呼ぶ。複合音のうち，振幅や位相，周波数が不規則に変動するものを**雑音**（noise）と呼び，これは連続スペクトルを示す。雑音の例としては，風や波の音，ラジオで信号を正常に受信できていないときに発せられる音などが挙げられる。

音楽的表現を用いれば，複合音は規則的で離散スペクトルを示す**楽音**（musical tone）と不規則で連続スペクトルを示す**噪**（そう）**音**（noise）に分けることができる。楽音の離散スペクトルを構成する複数の正弦波のうち，最も低い周波数の音を**基音**（fundamental），それ以外の周波数の音を**上音**（overtone）と呼ぶ。さらに，上音のうち，基音の周波数の整数倍の周波数を持つ音を**倍音**（harmonic）と呼ぶ。楽音の例としては，弦楽器，管楽器，ピアノの音やヒトの声などが挙げられる。一方，噪音の定義は雑音と同じであるが，特に楽音ではない楽器音に対して用いられる。噪音の例としては，三味線の撥音（はつおん）や琴（こと）の摺（す）り爪の音などが挙げられる。スペクトルによる音波の分類を**表 1.1** に示す。

表 1.1　スペクトルによる音波の分類

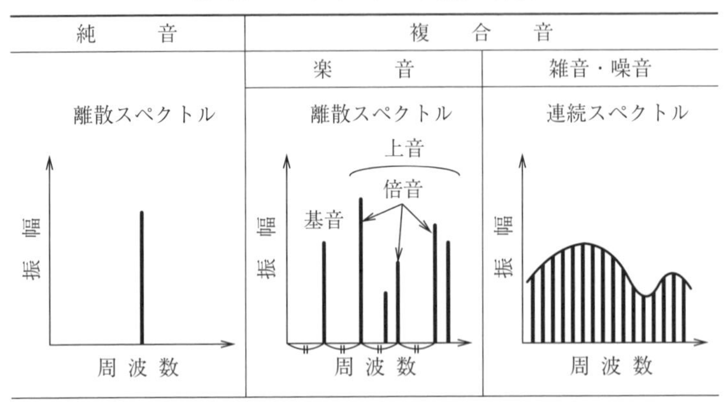

純　音	複　合　音	
	楽　音	雑音・噪音
離散スペクトル	離散スペクトル	連続スペクトル

波形やスペクトルに関係なく，ヒトが聞いて望ましくないと感じる音を**騒音**（undesirable sound）と呼ぶ。聞きたい音の聴取を妨げる音や集中力を阻害する音，精神的・肉体的に苦痛を感じさせる音など，その例は多岐にわたる。小さい音であっても，美しい音楽であっても，聞く人が不快に感じればそれは騒音となるため，客観的な評価には注意を要する。

1.2.2　波面形状による分類

波面が同心球面状である音波を**球面波**（spherical wave）と呼ぶ。理想的な球面波は**呼吸球**（pulsating sphere）によって生成される。なお，生成される音波の波長に対して十分に小さい呼吸球，および，それと同等の音波を生成する音源を**点音源**（point source）と呼ぶ。

波面が同心円筒状である音波を**円筒波**（cylindrical wave）と呼ぶ。理想的な円筒波は呼吸円筒によって生成される。なお，生成される音波の波長に対して十分に小さい呼吸円筒，および，それと同等の音波を生成する音源を**線音源**（line source）と呼ぶ。

波面が平行平面である音波を**平面波**（plane wave）と呼ぶ。理想的な平面波は無限大平面のピストン振動によって生成される。球面波も円筒波も音源から十分に離れた点では平面波とみなすことが可能である。

波面形状による音波の分類を**表 1.2** に示す。

表 1.2　波面形状による音波の分類

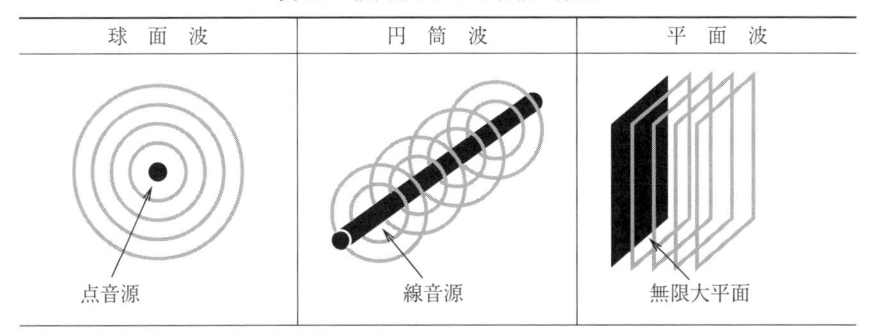

1.3 音波の物理量

ここでは，音波を評価するための物理的な指標について述べる。

1.3.1 実　効　値

音波の物理量の計算には，変動する瞬時値の 2 乗平均の平方根である**実効値**（root mean square, RMS）を用いることが多い。ある位置での音圧の実効値 p_{RMS} は

$$p_{\mathrm{RMS}}=\sqrt{\frac{1}{T}\int_0^T[p(t)]^2dt} \tag{1.9}$$

と定義される。ここで，T〔s〕は周期の整数倍，もしくは周期に対して十分に長い時間である。音波が式 (1.4) で表される正弦波の場合，例えば $x=0$ の位置を考えれば，その実効値 p_{RMS} は

$$p_{\mathrm{RMS}}=\sqrt{\frac{1}{T}\int_0^T[P\sin(-\omega t)]^2\,dt}=\frac{P}{\sqrt{2}} \tag{1.10}$$

となる。なお，ここでは $x=0$ の計算を示したが，正弦波の場合，実効値の値は x の値によらず一定である。

1.3.2　比音響インピーダンス

音場内のある点における正弦波の音圧 p〔Pa〕と粒子速度 v〔m/s〕の複素数表記を考え，式 (1.7) のように複素数 P, V を用いて

$$p=P\exp(-j\omega t),\quad v=V\exp(-j\omega t) \tag{1.11}$$

とすれば，それらの複素比 z〔Pa·s/m〕は

$$z=\frac{P}{V} \tag{1.12}$$

と表され，これを**比音響インピーダンス**（specific acoustic impedance）と呼ぶ。

ここで，減衰のない平面波を考えれば，この際の比音響インピーダンス z_0 は媒質に固有の実数値をとり，媒質の密度 ρ〔kg/m^3〕と音速 c〔m/s〕の積と等しい。これをその媒質の**特性インピーダンス**（characteristic impedance）と呼ぶ。また，例えば壁面など，音場の境界へ音波が入射する場合を考えれば，その境界上での比音響インピーダンスを特に**表面インピーダンス**（surface impedance）と呼ぶ。一方，通気性のある材料の両面にかかる音圧差とその材料を通過する粒子速度の比を**透過インピーダンス**（transfer impedance）と呼び，他のインピーダンスと区別することもある。単位は特性インピーダンスや表面インピーダンスと同じであるが，音圧の差に対して定義されることに注意が必要である。

1.3.3　音響インテンシティ

音場内のある点を通過する単位時間，単位面積当りの音響エネルギーを，**音響インテンシティ**あるいは**音の強さ**（sound intensity）と呼ぶ。音響インテンシティ I〔W/m^2〕は

$$I=\frac{1}{T}\int_0^T pv\,dt \tag{1.13}$$

で定義される。ここで，T〔s〕は周期の整数倍，もしくは，周期に対して十分に長い時間である。さて，式 (1.10) に従って正弦波の音圧と粒子速度の実効値を考えれば，式 (1.13) は

$$I = p_{\mathrm{RMS}} v_{\mathrm{RMS}} \tag{1.14}$$

と変形される。ここで，v_{RMS} は粒子速度の実効値である。また，式(1.11)と同様に複素数表記を考えれば，実部が実際の物理現象を表していることを踏まえ，式(1.13)は

$$I = \frac{1}{T}\int_0^T \mathrm{Re}\{p\}\,\mathrm{Re}\{v\}dt = \frac{1}{2}\mathrm{Re}\{PV^*\} \tag{1.15}$$

と変形される。ここで，「*」は複素共役である。

1.3.4 音響パワー・音響出力

音場内のある面 S〔$\mathrm{m^2}$〕を単位時間に通過する音響エネルギーを**音響パワー**(sound power)と呼ぶ。音響パワー W〔W〕は，音響インテンシティ I〔$\mathrm{W/m^2}$〕を用いて

$$W = \int_S IdS \tag{1.16}$$

で定義される。また，音源を取り囲む閉曲面を通過する音響パワーを，特にその音源の**音響出力**(sound power of a source)と呼ぶ。

1.3.5 音響エネルギー密度

単位体積中の音響エネルギーを**音響エネルギー密度**(sound energy density)と呼ぶ。音響インテンシティ I〔$\mathrm{W/m^2}$〕の平面波を考えれば，単位時間に音速 c〔m/s〕だけ波面が進行するため，音響エネルギー密度 E〔$\mathrm{J/m^3}$〕は

$$E = \frac{I}{c} \tag{1.17}$$

と計算される。なお，あらゆる方向に音波が同じ確率で伝搬する**拡散音場**(diffuse sound field)でも，境界上ではない点であれば，瞬時的にはそれぞれの方向に平面波が伝搬しているものとして，式(1.17)が成立すると考えて差し支えない。

1.3.6 レ ベ ル

感覚量が刺激量の対数に比例するという**ウェーバー-フェヒナーの法則**（Weber-Fechner law）に基づいて，音圧などを対数尺度で表したものを**レベル**（level）と呼ぶ。音圧レベル L_p〔dB〕，音響インテンシティレベル L_I〔dB〕，音響パワーレベル L_W〔dB〕，音響エネルギー密度レベル L_E〔dB〕は，それぞれ

$$L_p = 10\log_{10}\frac{{p_{\mathrm{RMS}}}^2}{{p_0}^2} = 20\log_{10}\frac{p_{\mathrm{RMS}}}{p_0} \tag{1.18}$$

$$L_I = 10\log_{10}\frac{I}{I_0} \tag{1.19}$$

$$L_W = 10\log_{10}\frac{W}{W_0} \tag{1.20}$$

$$L_E = 10\log_{10}\frac{E}{E_0} \tag{1.21}$$

で定義される。ここで，$p_0=2\times10^{-5}$〔Pa〕，$I_0=10^{-12}$〔W/m^2〕，$W_0=10^{-12}$〔W〕，E_0〔J/m^3〕はそれぞれのレベルの基準値である。なお，E_0 についてはその都度適切な値を設定する。

音響エネルギー密度レベル L_1, L_2〔dB〕の 2 つの非干渉性の音が存在する場合，それぞれの音響エネルギー密度を E_1, E_2〔J/m^3〕とすると，2 つの音の合成レベル L_{1+2}〔dB〕は

$$L_{1+2} = 10\log_{10}\frac{E_1+E_2}{E_0} = 10\log_{10}\left(10^{\frac{L_1}{10}}+10^{\frac{L_2}{10}}\right) \tag{1.22}$$

と計算される。例えば，2 つの音が同じレベル $L_1=L_2=L$〔dB〕の場合

$$L_{1+2} = 10\log_{10}\left(10^{\frac{L}{10}}+10^{\frac{L}{10}}\right) = 10\log_{10}10^{\frac{L}{10}}+10\log_{10}2 \approx L+3 \tag{1.23}$$

となり，合成レベルは 1 つだけの音に比べて約 3 dB 大きくなる。

1.4　音 波 の 性 質

ここでは，音波が波動性を有することに起因する性質について述べる。

1.4.1 反射・吸音・透過

平面波が無限大の壁面に垂直に入射する場合を考えると，**図 1.5** に示すように，入射した音波のエネルギーのうちの一部は壁により跳ね返され，一部は壁の内部で吸収され，残りは壁を通り抜ける。これらの現象をそれぞれ，**反射**（reflection），**吸音**（absorption），**透過**（transmission）と呼ぶ。

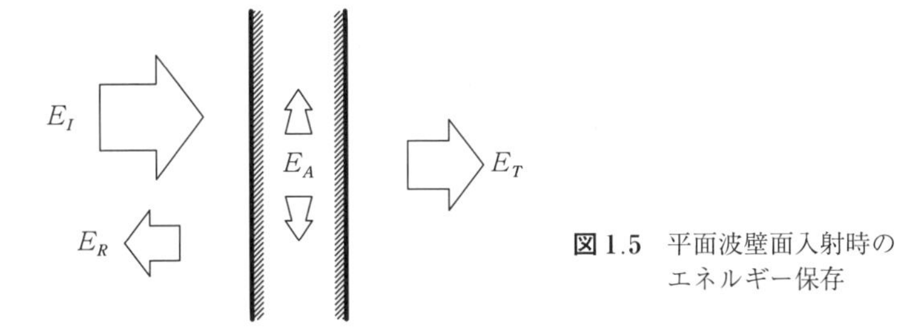

図 1.5 平面波壁面入射時のエネルギー保存

入射したエネルギーを E_I，反射したエネルギーを E_R，吸収したエネルギーを E_A，透過したエネルギーを E_T とすれば

$$E_I = E_R + E_A + E_T \tag{1.24}$$

が成り立つ。ここで，入射エネルギーに対する反射エネルギーの割合を**反射率**（reflection coefficient）r，入射エネルギーに対する透過エネルギーの割合を**透過率**（transmission coefficient）τ と呼び，それぞれ

$$r = \frac{E_R}{E_I} \tag{1.25}$$

$$\tau = \frac{E_T}{E_I} \tag{1.26}$$

で定義される。また，入射エネルギーに対する反射されなかったエネルギーの割合を**吸音率**（absorption coefficient）α と呼び

$$\alpha = \frac{E_A + E_T}{E_I} = \frac{E_I - E_R}{E_I} = 1 - r \tag{1.27}$$

と計算される。なお，吸音率は，入射エネルギーに対する吸収エネルギーの割合ではないことに注意する必要がある。

表面インピーダンスが z の無限大壁面に，振幅 1 の平面波が垂直入射した場合，反射波の振幅を R，空気の特性インピーダンスを z_0 とすれば，壁面上での音圧は $1+R$，粒子速度は波の進行方向を考慮して $(1-R)/z_0$ であるから

$$z=\frac{1+R}{(1-R)/z_0} \tag{1.28}$$

であり，したがって

$$\alpha=1-|R|^2=1-\left|\frac{(z/z_0)-1}{(z/z_0)+1}\right|^2=1-\left|\frac{Z-1}{Z+1}\right|^2 \tag{1.29}$$

の関係が成り立つ。ここで，$Z=z/z_0$ を**比音響インピーダンス比**（specific acoustic impedance ratio）と呼ぶ。

1.4.2　干　　渉

1.1.2 項で述べたように，音場では重ね合わせの原理が成立する。複数の音波が同じ点に到達した場合，それらは衝突せず，足し合わされ，強め合ったり，弱め合ったりする。これを**干渉**（interference）と呼ぶ。**図 1.6** に示すように，同位相の音源が 2 つ設置された空間には，干渉によって音波がつねに強め合う点と，つねに弱め合う点が存在する。このように，干渉によって生成される音圧の強弱の差が非常に大きい分布を**干渉縞**（じま）（interference fringe）と呼ぶ。

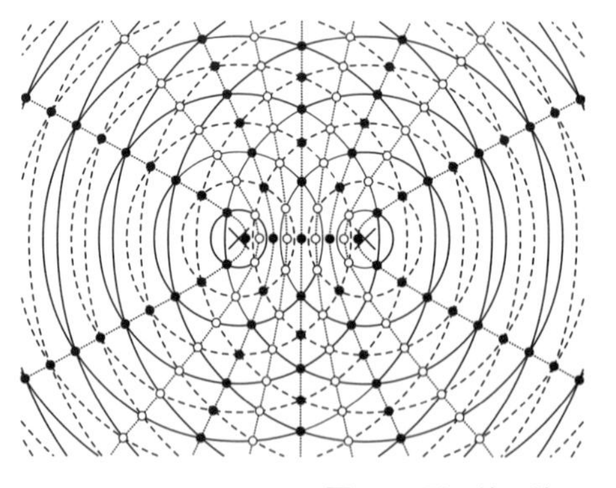

×印：音源
実線：山
破線：谷
●印：強め合う点
○印：弱め合う点

図 1.6　干　渉　縞

1.4.3 回　　　折

音波が有限大の壁面に入射すると，壁面の端では壁の横や後ろに回り込もうとするように音波が伝搬する。これを**回折**（diffraction）と呼ぶ。回折は，**図 1.7** に示すように，波面の各点に新たに波源が生じ，それらによる波（素元波）の干渉による合成波が新たな波面を生成するという，**ホイヘンス-フレネルの原理**（Huygens-Fresnel principle）によって説明される。もしくは，壁面の端では壁面の表裏で生じる音圧差により粒子速度の生じる方向，また，それに伴う音波の進行方向が曲げられると考えることもできる。入射側の音波が直接届かない壁面の裏側には，あたかも壁面の端に音源が置かれたような波面が生成されるが，これを**回折（音）場**（diffraction sound field）と呼ぶ。回折場の音圧は壁面端から徐々に減衰する分布となるが，ホイヘンス-フレネルの原理によれば，この減衰は正負逆の音圧を持つ二次波の合成によるものであり，波長が長い低周波数ほどその減衰には距離を要する。したがって，回折場の同じ位置でみれば，低周波数ほど音圧は大きくなるため，低周波数の音波ほど回折しやすいということになる。

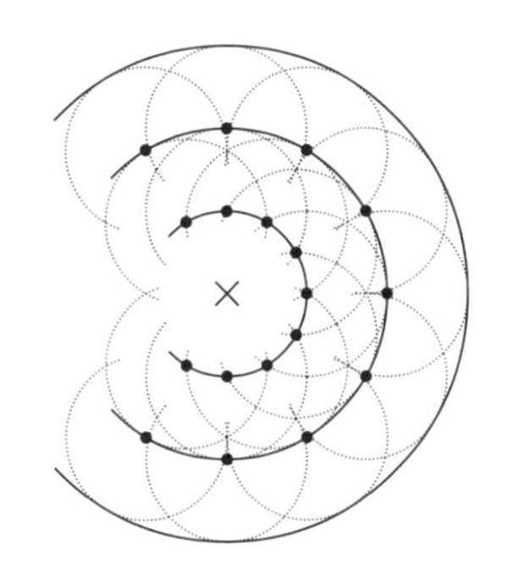
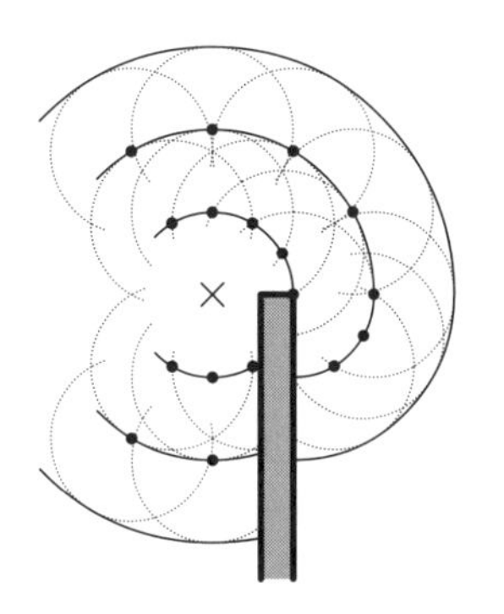

（a） 自由空間　　（b） 壁がある場合

×印：音源，　●印：素元波の波源，　点線：素元波の波面，
実線：合成波の波面

図 1.7　ホイヘンス-フレネルの原理による回折

1.4.4 散　　乱

1.4.1項で述べたように，音波が異なる媒質間の境界（例えば，空気と壁材の境界）に入射すると，その一部が反射する。その境界が平たんな場合，音波の入射角と反射角は等しく，これを特に**鏡面反射**（specular reflection）と呼ぶ。一方，平たんでない境界の場合，音波は個々の反射や回折によりさまざまな方向に反射される。この現象を**散乱**（scattering）と呼び，さらに，散乱された音波が音場に広がることを**拡散**（diffusion）と呼ぶ。境界の凹凸の大きさと波長の関係から，一般的には低い周波数の音波ほど散乱しにくく，高い周波数の音波ほど散乱しやすい。散乱の程度は，どれほどすべての方向に均一に反射されているかを表す**拡散係数**または**指向拡散度**（diffusion coefficient）や，鏡面反射されないエネルギーの割合である**散乱係数**または**乱反射率**（scattering coefficient）で表される。

1.4.5 屈　　折

異なる媒質の境界に音波が入射すると，すでに述べたように音波の一部は反射するが，残りの一部は異なる媒質のほうに透過する。異なる媒質中では音速も異なるため，入射側と透過側で音波の伝搬方向と波長が変化する。これを**屈折**（refraction）と呼ぶ。平たんな境界に平面波が斜めに入射する場合，入射波と透過波の関係は**図1.8**に示すように

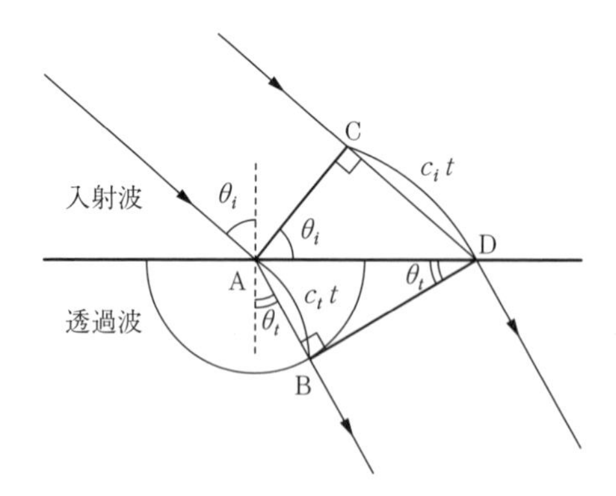

図1.8　入反射角度と音速の関係

$$c_i \sin\theta_t = c_t \sin\theta_i \tag{1.30}$$

によって記述される。これを**スネルの法則**（Snell's law）と呼ぶ。ここで，c_i, c_t〔m/s〕はそれぞれ入射側の音速，透過側の音速，θ_i, θ_t〔rad〕はそれぞれ入射角度，透過角度である。なお，図中 t〔s〕は透過波が点Aから点Bに，また，入射波が点Cから点Dに到達するためにかかった時間である。

1.4.6 共　　鳴

音圧や粒子速度がある特定の周波数で激しく振動することを**共鳴**(resonance)と呼び，その特定の周波数を**共鳴周波数**（resonance frequency）と呼ぶ。共鳴にはいくつかの種類があるが，ここでは，**図1.9**に示すように，波長に対して断面が十分に小さい片側開口管を考える。図左側の開口から音波を入射させると，右側の壁で反射し，管内で入射波と反射波が干渉する。このとき，管の長さ l と1/4波長が奇数倍の関係になる周波数，すなわち

$$f_n = \frac{c}{4l}(2n-1) \qquad (n=1, 2, \cdots) \tag{1.31}$$

において，合成波の波面が見掛け上進行しない**定在波**（standing wave）が生じ，共鳴する。この共鳴を**気柱共鳴**（air-column resonance）と呼ぶ。定在波の物理量の振幅は管内の位置のみに依存し，右側の壁が完全に**剛**（rigid）な場合，振幅が入射波のちょうど2倍となる点を**腹**（はら）（loop），振幅が0となる点を**節**（ふし）（node），この腹と節の分布を**モード**（mode）と呼ぶ。

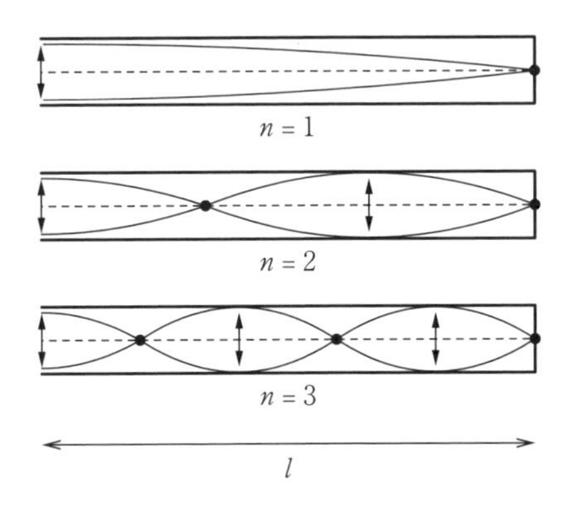

上下矢印：腹
●印：節

図1.9　片側開口管における共鳴時の粒子速度定在波の様子

1.4.7 放　　射

固体が振動し，それにより周囲の空気が振動して音波が生じることを**放射**（radiation）と呼ぶ。例えば，壁や床などに設備機器などから力が加えられる場合，壁や床などを伝搬する音波そのもの，および，その放射によって生じる音を**固体音**（**固体伝搬音**）（structure-borne sound）と呼ぶ。一方，固体を介さず，空気のみを伝搬する音を**空気音**（**空気伝搬音**）（air-borne sound）と呼ぶが，空気を伝わる音波が壁に入射して，壁が振動する場合，その放射によって生じる音も空気伝搬音に分類される。

1.5 純 音 の 知 覚

純音は正弦波で表される音波であり，ある一定の音圧レベルと周波数を持つ。われわれが純音を聞くとき，純音の音圧レベルと周波数に対応する一定の音の大きさと高さの感覚を知覚する。音の大きさの感覚を**ラウドネス**（loudness），音の高さの感覚を**ピッチ**（pitch）と呼ぶ。

1.5.1 可 聴 範 囲

ある音について，妨害音がない条件でラウドネスを知覚できる最小の音圧レベルを**最小可聴値**（minimum audible threshold）と呼ぶ。最小可聴値が高いほど，音が聞こえにくいことになる。最小可聴値は周波数によって異なる（後出の図 1.10 参照）。平均的な若年健聴者では 2 ～ 4 kHz が最も低く，−5 dB 程度である。この範囲から周波数が離れるほど最小可聴値は高くなり，例えば 125 Hz では正常耳で 20 dB 程度である。

一方，音圧レベルを極端に高くしていくと，聴覚以外の触覚や痛覚を知覚するようになる。聴覚以外の感覚が生じない最大の音の強さを**最大可聴値**（threshold of feeling）と呼ぶ。最大可聴値の周波数による差は小さく，120 ～ 130 dB 程度の範囲に収まる[1)†1]。最小可聴値と最大可聴値の音の強さの比は 10^{12} ～ 10^{13} に達し，非常に広いことがわかる。音圧をレベルで表示することの理由の 1 つに，この**可聴範囲**（hearing area）の広さが挙げられる。

ラウドネスを知覚できる周波数の範囲を**可聴周波数**（audio frequency）と呼び，平均的な若年健聴者で 20 Hz から 20 kHz 程度とされている。ただし，個人差があり，この範囲外の周波数の音を知覚できる人もいる。

1.5.2 ラウドネス

純音の音圧レベルが高くなるにつれてラウドネスも大きくなるが，同じ音圧レベルでも周波数が異なればラウドネスは異なる。これは，最小可聴値が周波数によって異なることと関係している。

図 1.10 は，ISO 226：2003 で定められた純音の音圧レベル，周波数，ラウドネスの 3 者の関係を示す**等ラウドネスレベル曲線**（equal-loudness-level contour）である[†2]。この図では，ラウドネスを尺度化する方法として，**ラウドネスレベル**（loudness level）が用いられている。ラウドネスレベルの単位は〔phon〕であり，音圧レベルが x〔dB〕で周波数が 1 kHz の純音を聞いたときに感じるラウドネスを x〔phon〕と定義する。音圧レベルを x〔dB〕で一定とした 1

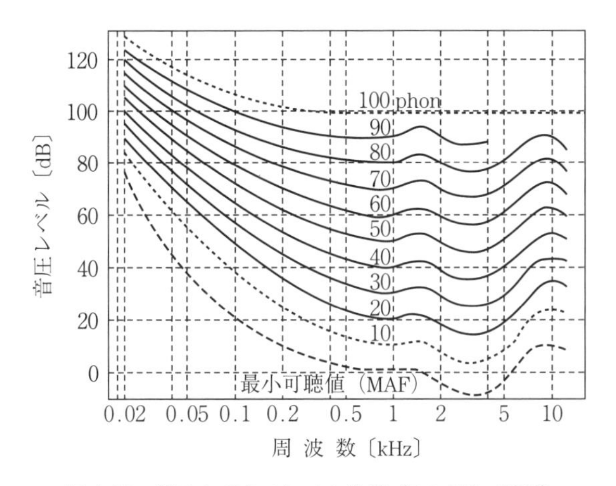

図 1.10　等ラウドネスレベル曲線（ISO 226：2003）

---

† 1　肩付き数字は章末の引用・参考文献の番号を示す。

† 2　聴取者は両耳で正面から提示される純音を聞くという条件のラウドネスであり，音圧レベルは聴取者の頭部中心に相当する位置で測定した値である。

kHzの純音を基準として，同じラウドネスを知覚する他の周波数の純音の音圧レベルを求め，そのデータを横軸が周波数，縦軸が音圧レベルの図にプロットして繋いでいくと，x〔phon〕の等ラウドネスレベル曲線が得られる。つまり，同じ曲線上にある音圧レベルと周波数の組合せは，同じラウドネスを生じさせることになる。この図を用いれば，純音の音圧レベルと周波数から，その純音を聞いたときにどの程度のラウドネスを感じるかを求めることができる。

図1.10より，ラウドネスレベルが低い場合は周波数の影響により曲線が大きく曲がるが，ラウドネスレベルが高くなるほど曲線が平たんとなり，周波数の影響が小さくなることがわかる。これは，最大可聴値が周波数による影響をほとんど受けないことと対応している。

ただし，ラウドネスレベルは大小関係のみが意味を持つ順序尺度と呼ばれるものである。つまり，数値の差や比には意味がなく，例えば，80 phonの音は40 phonの音よりもラウドネスが大きいが，2倍のラウドネスには感じない。**ソーン尺度**（sone scale）は，数値の差および比に意味がある比例尺度を用いてラウドネスを尺度化したものであり，単位は〔sone〕である。音圧レベルが40 dBで周波数が1 kHzの純音を聞いたときに感じるラウドネスを1 soneと定義し，そのN倍に感じるラウドネスをN〔sone〕とする。したがって，40 phonが1 soneに相当する。

図1.11は，ラウドネスレベルとソーン尺度の関係を求めたものである。40 phonが1 sone，50 phonが2 sone，60 phonが4 soneといったように，ラウドネスレベルが10 phon増加するごとに，ソーン尺度が2倍になる関係がある[†]。したがって，1 kHzの純音では，音圧レベルが10 dB増加するごとにラウドネスは2倍になる。なお，ラウドネスレベルとソーン尺度は，純音に限らず音全般のラウドネスの尺度として用いられる。

† ラウドネスが最小可聴値に近づくとこの関係は成立しない。図1.11は1 kHz純音の最小可聴値である2.4 dBを式（1.33）のL_tに代入して計算した。

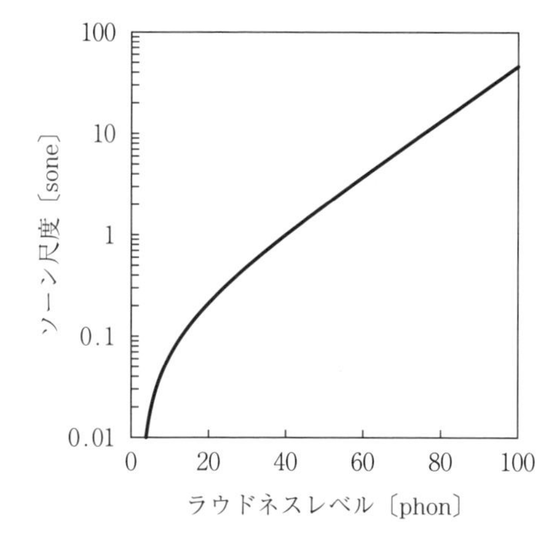

図 1.11　ラウドネスレベルとソーン尺度の関係

1.5.3 ピ ッ チ

純音の周波数が高くなるにつれてピッチは高くなる。音圧レベルもピッチに影響するが，周波数の影響が支配的である。ピッチの比例尺度として**メル尺度**（mel scale）が提案されており，単位は〔mel〕である。音圧レベルが 40 dB で周波数が 1 kHz の純音を聞いたときに感じるピッチを 1 000 mel と定義し，その N 倍に感じるピッチを 1 000×N〔mel〕とする。**図 1.12** に純音の周波数とメル尺度の関係[2)]を示す。

メル尺度は，純音に限らず音全般のピッチの尺度として用いられる。2 kHz

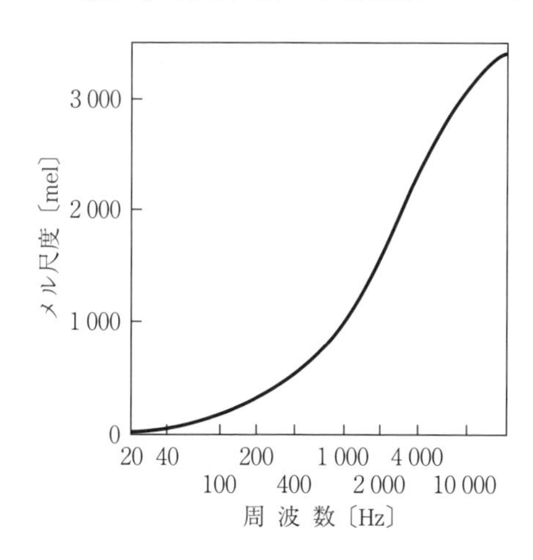

図 1.12　純音の周波数とメル尺度の関係[2)]

の純音に対応するピッチは2 000 melを下回っており，1 kHzの純音を基準として周波数が2倍になってもピッチは2倍にならないことがわかる。

なお，ピッチと周波数の関係については，メル尺度で示されるような周波数とピッチが1対1で対応する側面（トーンハイト）だけでなく，オクターブを周期としてピッチに類似性を感じるという周期的な側面（トーンクロマ）もあることが知られている†。

1.6 複合音の知覚

ここまで，単一の周波数を持つ純音の知覚について述べてきたが，一般的には複数の周波数を含む複合音を聞くことになる。複合音の知覚の理解に必要な**マスキング**（masking）と**音脈分凝**（ぶんぎょう）（auditory stream segregation）についてまず概説し，つぎに複合音の知覚について述べる。

1.6.1 臨界帯域とマスキング

〔1〕 **臨界帯域**　人間の聴覚器官には，音波の周波数分析を行う機能が備わっている。この機能の多くは内耳の**蝸牛**（かぎゅう）（cochlea）内にある**基底膜**（basilar membrane）が担っている。蝸牛は1本の管がうずまき状になっており，その管の内部は長さの方向に沿って基底膜により2つに分割されている。蝸牛に音が伝わると基底膜の特定の場所が大きく振動するが，その場所は周波数が高いほど蝸牛の入口に近く，周波数が低いほどに奥になる。基底膜には多数の聴覚神経が並んで接続されており，音波の周波数特性に応じて振動した場所に接続された聴覚神経がそれぞれ発火する。このようにして，内耳において音波の周波数分解が行われる。

基底膜は連続しているため，単一の周波数を持つ純音の場合でもある幅を持った領域が振動する。このことを踏まえ，この周波数分析の機能は，周波数

† 音響学講座1『基礎音響学』の3.3.5項参照。

軸に沿って並んだ複数の帯域通過フィルタでモデル化されることが多い。この帯域通過フィルタを**聴覚フィルタ**（auditory filter），その周波数帯域幅を**臨界帯域**（critical band）と呼ぶ。臨界帯域の幅は中心周波数によって異なるが，その近似値として式(1.32)で表される**等価矩形帯域幅**（equivalent rectangular bandwidth, **ERB**）が用いられている。

$$\mathrm{ERB_N}=24.7\left(\frac{4.37f}{1\,000}+1\right)\text{〔Hz〕} \tag{1.32}$$

ここで，f はフィルタの中心周波数〔Hz〕である。$\mathrm{ERB_N}$ の添え字の N は，健聴者の平均的な特性から得られた標準的な値であることを明示するために付けられている。

式(1.32)より，$\mathrm{ERB_N}$ は中心周波数が高くなるほど広くなる。建築音響における音波の周波数分析に一般に用いられる帯域通過フィルタとして，1/1 オクターブおよび 1/3 オクターブ帯域通過フィルタ[†]がある。これらの通過帯域幅も中心周波数が高くなるほど広くなる特徴を持っており，おおまかな聴覚フィルタの近似となっている。**図 1.13** に，Fastl と Zwicker による臨界帯域の

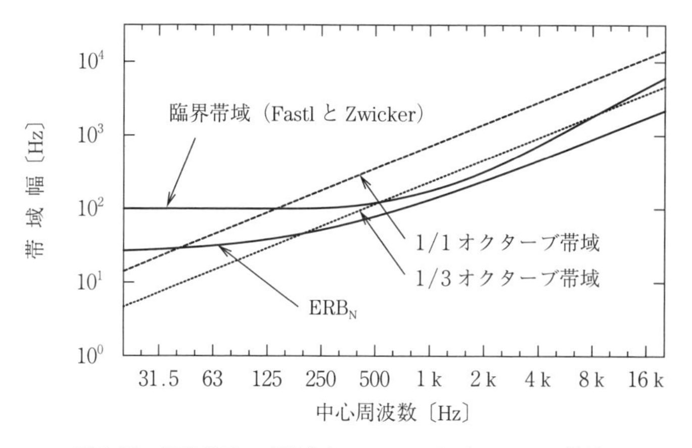

図 1.13 臨界帯域の実測値と $\mathrm{ERB_N}$，1/1 オクターブ帯域，1/3 オクターブ帯域の比較

† 中心周波数を f とすると，1/1 オクターブ帯域の幅は $(2^{1/2}-2^{-1/2})f$，1/3 オクターブ帯域の幅は $(2^{1/6}-2^{-1/6})f$ である。

実測値[1)]と，ERB_N，1/1 オクターブ帯域，1/3 オクターブ帯域の比較を示す。

〔2〕 **マスキング**　ある音の聴き取りが，別の音の存在によって妨害を受ける現象のことを**マスキング**（masking）と呼ぶ。これは両者の音によって発火する聴覚神経が重複するためである。この現象のことをマスキングと呼び，聴き取りたい音を**マスキー**（maskee），妨害音を**マスカー**（masker）と呼ぶ。

マスカーが存在する条件において，マスキーを知覚できる最小のマスキーの音圧レベルを**マスキング閾**（masked threshold）と呼ぶ。マスキーの最小可聴値とマスキング閾の差が大きいほど，マスキング量が大きいことを示す。

マスキング量は，マスキーとマスカーの周波数が近いほど大きくなる。ここで重要となるのが，上述した臨界帯域である。マスキーの周波数を中心周波数とする臨界帯域からマスカーの周波数が外れると，マスキング量は小さくなる。ただし，聴覚フィルタは周波数軸上において周波数が高い方向よりも低い方向に大きく広がる非対称の形状をしている。したがって，マスキーの周波数よりも低い周波数を持つマスカーのほうが，高い周波数を持つマスカーよりもマスキングが生じやすい。以上に示したようなマスキングの特徴は，建築空間における騒音対策を考えるうえで重要である。

一方，マスキングは，マスキーとマスカーが同時に鳴っている条件だけでなく，マスキーとマスカーが時間的に前後にずれて鳴っていても生じる。マスキーとマスカーが同時に鳴っている条件のマスキングを**同時マスキング**（simultaneous masking），両者に時間的なずれがある条件のマスキングを**非同時マスキング**（temporal masking）と呼ぶ。非同時マスキングのマスキング量は，前後のずれ時間が長くなるほど小さくなる。マスカーがマスキーに先行する場合はマスカーが停止してから 200 ms 程度，マスカーがマスキーに後続する場合はマスカーの開始前の 50 ms 程度の範囲でマスキングが生じる[1)]。これは聴覚神経系の応答に立ち上がりと立ち下がりがあり，さらにその傾きが音圧レベルによって異なるためだと考えられている。非同時マスキングは特に反射音および残響音の知覚に影響し，室内音場における残響感や音声・音楽の明瞭性，エコーと深い関係がある。

1.6.2 音脈分凝

マスキーを純音，マスカーを雑音として同時に聞く場合，耳に入力される音波はマスキーとマスカーが合成されたものである。しかし，われわれはマスキーとマスカーを異なる音として聞き分け，それぞれに対するラウドネスやピッチを知覚することができる。このように，1つの音波が複数の音脈（音の時間的な繋がり）に分かれて聞こえることを音脈分凝と呼ぶ。音脈分凝は，それぞれの音脈の時間的，周波数的，空間的な類似性が関連するが，そのメカニズムは音の認知過程[†1]にまで及び，複雑である。複合音の知覚を理解するにあたり，その周波数成分のすべてが1つの音脈に統合されるとは限らないことを踏まえる必要がある[†2]。

1.6.3 雑音の知覚

雑音は，1.2節で述べたように連続スペクトルを持つ複合音であり，一般に1つの音脈として知覚される。

〔1〕 **ラウドネス**　雑音のラウドネスは，それぞれの周波数成分に対するラウドネスの総和ではなく，それよりも小さいラウドネスを知覚する。この現象はマスキングによって説明される。**図1.14**に雑音のラウドネスの模式図を示す。この模式図は図（a）が音の物理的な強さ，図（b）は図（a）の音が聴覚器官に入力された際の応答であり，横軸は周波数である。図中の四角の面積は，図（a）は雑音の音のエネルギー，図（b）はラウドネスに対応する。

周波数成分がマスキングの影響がない程度に離れた雑音Aと雑音Bがあり，いずれも音圧レベルが40 dBであったとする。ここで，それぞれを独立で聞いた場合のソーン尺度がいずれも1 soneであったとすると，両者を同時に聞いた場合のソーン尺度は2 soneになる。つぎに，雑音Aと周波数範囲が連続する雑音Cを考える。雑音Cも音圧レベルが40 dBであり，独立に聞いた場合

---

† 1　聴取者が自身の知識や経験などに基づき，知覚した音が何の音であるかを判断すること。

† 2　音響学講座1『基礎音響学』の3.3.7項参照。

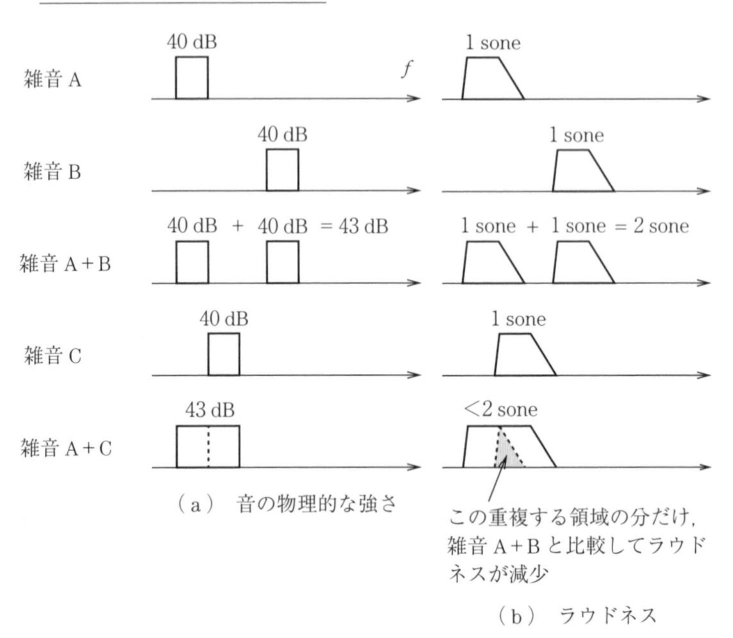

図 1.14 雑音のラウドネスの模式図

のソーン尺度が 1 sone であったとする。雑音 A と C を同時に鳴らすと，音圧レベルは雑音 A と B を同時に鳴らした場合と同様に 43 dB である。しかし，雑音 A と C のように周波数範囲が隣接すると，音波の周波数範囲は重複しないが，発火する聴覚神経が重複してマスキングが生じるため，図に示した灰色の領域の分だけソーン尺度が 2 sone から低下する。

〔2〕 **ピッチ** 雑音の周波数特性に急峻な傾きがある場合，ピッチを知覚することがある。広帯域雑音をカットオフ特性が急峻な高域通過あるいは低域通過フィルタを通して聞くと，その遮断周波数に対応するピッチを知覚する。帯域通過フィルタを通した場合は，高域側と低域側の 2 つの遮断周波数のピッチを知覚するが，通過帯域が狭くなると 2 つの遮断周波数が接近するため，中心周波数に対応するピッチを知覚する。

1.6.4 楽音（調波複合音）の知覚

楽音は，おもに最も低い周波数を持つ基音とその整数倍の周波数を持つ倍音で構成される複合音である。このような周波数構造を**調波構造**（harmonic structure）と呼ぶ。調波構造は打楽器を除く楽器の音だけでなく，音声をはじめとする多くの自然音，さらには人工音にもみられる特徴であり，この特徴を持つ音を総称して**調波複合音**（harmonic complex tone）と呼ぶ。調波構造は音脈分凝にも深く関連しており，一般に調波構造を構成する周波数成分は1つの音脈に統合される。

〔1〕 **ラウドネス**　基本的に雑音と同様であり，調波構造を構成する周波数成分それぞれのラウドネスの総和から，マスキング分だけ小さくなったラウドネスを知覚する。

〔2〕 **ピッチ**　調波複合音の周波数特性は離散スペクトルであり，複数の明確なピークを持つ。しかし，それらのピークに対応した複数のピッチは知覚されず，1つの主要なピッチを知覚する。そのピッチは，基音の周波数である**基本周波数**（fundamental frequency）の純音に対するピッチとほぼ一致する。

なぜ基本周波数のピッチを知覚するのかについて詳細は明らかにされていないが，基音のみに依存しているわけではなく調波構造そのものが重要であると考えられている。それを実証する聴覚事象として，ミッシングファンダメンタル（あるいはバーチャルピッチ）が挙げられる。これは，調波複合音から基音の成分を取り除いても，存在しないはずの基本周波数に対応するピッチを知覚するというものである。

1.6.5 音　　色

複合音の場合，ある2つの物理的に異なる音に対して，ラウドネスとピッチは等しいにもかかわらず，同じ音に聞こえない場合がある。例えば，ギターとピアノの音について，ラウドネスとピッチを揃えたとしても，両者の違いは明確に知覚できる。

音響用語に関するJIS規格（JIS Z 8106：2000）では，ラウドネスとピッチが等しい2つの音の違いに対応する音の属性を**音色**（timbre）と定義している。一方，日本音響学会によるいくつかの出版物[3]では，「音源が何であるか認知するための手掛かりとなる特性」，「音を聞いた主体が音から受ける印象の諸側面の総称」といった音色の定義がなされており，JISの定義と比較すると音色の意味する範囲が拡張されている。

音色の違いは，調波構造のスペクトル形状，音の立ち上がりと立ち下がりの特性などが関連するとされている。また，音色の評価は複数の聴感印象の総合評価であるとされており，その評価の主要な因子として，① 美的因子，② 迫力因子，③ 金属性因子の3つが挙げられている。

1.6.6 マスクトラウドネス

複合音がマスキーとマスカーの2つの音脈に分かれて知覚される場合，マスキーに対するラウドネスを**マスクトラウドネス**（masked loudness）と呼ぶ。音圧レベルとマスクトラウドネスの関係は，マスカーがない条件のラウドネスとは異なる。

例として**図1.15**に，式(1.33) より求めた1kHz純音をマスキーとした場合のマスクトラウドネスの近似曲線を示す[4]。

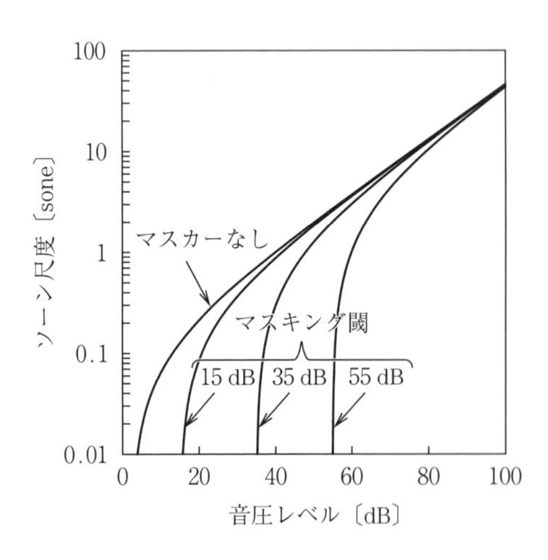

図1.15　1kHz純音をマスキーとした場合のマスクトラウドネスの近似曲線

$$S=0.0921(10^{0.27L/10}-10^{0.27L_t/10}) \text{ [sone]} \tag{1.33}$$

ここで，S はソーン尺度，L は 1 kHz 純音の音圧レベル，L_t はマスキング閾である。マスキーの音圧レベルがマスキング閾以下では当然ラウドネスは 0 であるが，マスキング閾を超えると急激にラウドネスが上昇し，その傾きはマスキング閾が高いほど急峻である。また，マスクトラウドネスがマスカーなしの条件（L_t を最小可聴値の 2.4 dB として計算）のラウドネスに近づくほど，傾きは緩やかになる。

このような急峻なラウドネスの変化により，音が聴き取りづらくなったり，音のうるささが強くなったりする場合がある。また，暗騒音レベルの増加ではなく聴力の低下によって最小可聴値が上昇した場合も，ラウドネスと音圧レベルの関係は図 1.15 と同じ特徴を示し，ラウドネス補充現象（リクルートメント現象）[†1] と呼ばれる。

1.7 音 声 の 知 覚

音声は広い周波数範囲に成分を持つ複合音であり，1 つの音脈として知覚される。

1.7.1 音声の生成

音声は**母音**（vowel）と**子音**（consonant）の 2 つに大別される。

〔1〕 **母　音**　　母音は，**声帯**（vocal cord）を振動させて発生した音が，**声道**（vocal tract）における共鳴によって特定の周波数が強調されることにより生成される。この強調される周波数のことを**フォルマント**（formant）と呼ぶ。フォルマントは複数あり，周波数が低い順で第 1 フォルマント，第 2 フォルマントのように呼ぶ[†2]。フォルマントは声道の形状と対応し，声道の形状を変えることにより異なる母音を生成することができる。母音の聞き分けにおい

---

† 1　難聴には伝音性難聴と感音性難聴の 2 種類があり，ラウドネス補充現象は後者の特徴である。

て，フォルマントの高さおよびそれらの比率が重要な手掛かりとなる。声道が短くなるほどフォルマントは高くなり，女性のフォルマントは男性の1.2倍程度である[5)]。しかし，フォルマントの比率が手掛かりとなることにより，ある母音を異なる人が発話しても同じ母音に聞こえるとされている。

子音と比較すると継続時間が長く音圧レベルも高いことから，ラウドネスに大きな影響を及ぼす。また，声帯の振動により発生する音は調波構造を持つため，母音は調波複合音になり，その基本周波数に対応するピッチを知覚する。声帯が短くなるほど基本周波数は高くなり，男性で120 Hz程度，女性はその2倍程度の周波数になる[5)]。

〔2〕 **子　音**　子音には，声道をある箇所で閉鎖させた後に一気に解放して生成する**破裂音**（plosive）や，断面積を狭めた箇所に呼気を通すことにより生成する**摩擦音**（fricative）などがある。声帯の振動を伴う子音もあり，その音響的特徴は調波複合音と雑音の合成からなる多様なものとなる。日本語では，子音–母音の順で1つの音節を構成することがほとんどであるため，子音–母音の順で繰り返して音声が生成される。子音の聞き分けは，① 声道の閉鎖による無音区間の有無，② 声帯振動の有無，③ 周波数特性，④ 後続する音素へのわたりの部分の特性などを手掛かりとして行われる。

母音と比較すると，継続時間が短く音圧レベルも低いことからラウドネスやピッチの知覚にはあまり影響しない。しかし，母音よりも種類が多く，音声の多様性を確保するうえで重要な成分である。

1.7.2　音声の明瞭性

音声は情報伝達の媒体の1つであり，ヒトがコミュニケーションを行う際に最も頻繁に用いられる媒体である。したがって，ラウドネスやピッチといった基礎的な感覚に対する評価よりも，音声としてどの程度正しく，はっきりと聴き取れるかという実用的な側面の評価が重要である。この側面のことを，一般

†2　話者や母音によって異なるが，男性の平均としては第1フォルマントが500 Hz程度，第2フォルマントが1.4 kHz程度，第3フォルマントが2.4 kHz程度である[5)]。

に音声の明瞭性と呼ぶ。

音声の明瞭性を表す心理的な指標として，**明瞭度**（articulation），**了解度**（intelligibility），**聴き取りにくさ**（listening difficulty）などが提案されている。明瞭度と了解度は，**表 1.3** に示すような試験用音声が正しく聴き取れた割合の百分率である。単音節のような無意味な試験用音声を用いた場合を明瞭度，単語あるいは文のような有意味な試験用音声を用いた場合を了解度と呼ぶ。

表 1.3　試験用音声の例

試験用音声	例		
単音節	ジ	ラ	ホ
無意味三連音節	ミョオヘ	チマク	カゾム
単語（高親密度）	アマグモ	イマフウ	ウチガワ
単語（低親密度）	アイキャク	イチハツ	ウラジャク
文	1 週間ばかりニューヨークを取材した		

有意味な音声を聴き取る場合，音の認知過程が強く働き，聴取者は音声に関する知識・経験（心的辞書）を援用して，正確に知覚できなかった部分を類推・補完することができる。したがって，一般に明瞭度よりも了解度のほうが高い値となる。ただし，残響音が存在する音場の場合，試験用音声の継続時間が長いほうが残響音の影響を受けやすいため，明瞭度よりも了解度が高くなるとは一概にはいえない。また，了解度でも，単語の「なじみ」の程度（**単語親密度**，word familiarity）や文脈により類推・補完のしやすさが変わるため，同じ条件でも試験用音声によって値が異なる。単語については，単語親密度を用いて試験音声を統制する方法[6)]が提案されている。

「聴き取りにくさ」は，親密度の高い単語を聴取した際に聴き取りにくいと感じた割合で評価する方法である[7)]。残響音あるいは背景騒音が非常に強い空間を除けば，了解度は 100 %付近の高い値となることが多く，明瞭性の違いを表すことができない。「聴き取りにくさ」は，一般的な建築空間の明瞭性の違いを表せることが示されており，了解度と併せて日本建築学会環境基準[8)]に採用されている。

1.7.3　音声の物理特性

一般に，音声の音圧レベルは発話者の唇から1m前方の位置で測定した値を基準とする。音声の明瞭性に関するいくつかの国際規格では，音声の音圧レベルの基準値が定められている。例えば，音声の明瞭性の評価に用いられるSpeech Intelligibility Index（SII）の規格文書（ANSI S3.5-1997）では，**発話の強さ**（vocal effort）をnormal，raised，loud，shoutに分類し，それぞれに対する発話者の唇から1m前方の位置における音声の音圧レベル[†1]が記載されている。**図1.16**に，発話者の唇から1m前方の位置における音声の1/3オクターブバンドレベルを示す。vocal effortが強くなるほど，おもに中音域よりも高い周波数範囲で音圧レベルが上昇する。このデータから算出したA特性[†2]で周波数重み付けした音声の音圧レベルは，normal，raised，loud，shoutの順で59，66，74，82 dB程度である。

また，SIIはそれぞれの帯域の音声の明瞭性に対する貢献度[†3]をもとに算出される。**図1.17**に音声の明瞭性に対する貢献度の周波数特性を示す。500 Hz

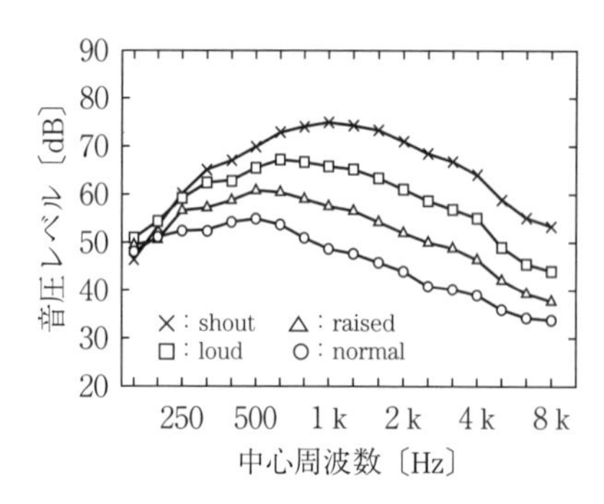

図1.16　発話者の唇から1m前方の位置における音声の1/3オクターブバンドレベル（ANSI S3.5, 1997）

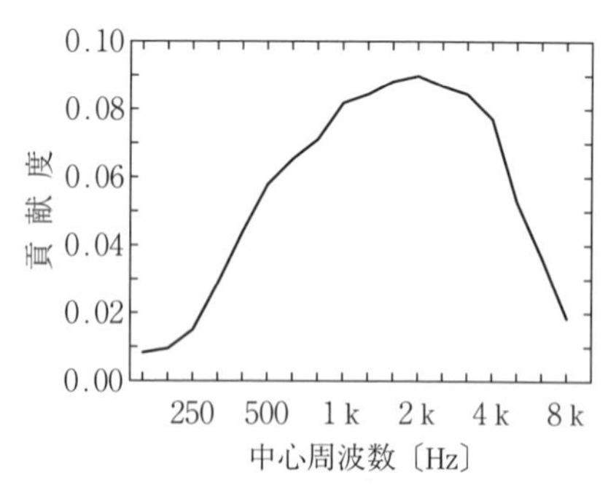

図1.17　音声の明瞭性に対する貢献度の周波数特性（ANSI S3.5, 1997）

---

†1　成人の男性および女性の平均値。

†2　図1.10に示した音の周波数とヒトのラウドネス知覚の関係を模擬するための周波数重み付け特性。詳細は音響学講座4『騒音・振動』の1.1節参照。

†3　すべての帯域の貢献度の総和をとると1になる性質を持つ。

から 4 kHz の範囲の貢献度が相対的に高く，この周波数範囲が音声の明瞭性の確保に重要であることがわかる。

日本語話者に対して音声の音圧レベルを測定した事例は少ないが，Byrne ら[9]が音声の長時間平均スペクトルの国際比較を行った結果では，日本語とその他の言語に大きな差はみられない。また，日本語話者に「通常話す音声の大きさと速さ」で文章を音読させて測定した A 特性で周波数重み付けした音声の音圧レベルは，発話者の唇から 1 m 前方の位置で約 56 dB[10]であり，SII の規格文書における normal の値と同程度である。図 1.17 に示した貢献度については，日本語を対象としたものも提案[11]されているが，500 Hz から 4 kHz の範囲が重要である点は同様である。

なお，発話者の頭部の影響により音声の音圧レベルには指向性がある。ほとんどの周波数で正面方向の音圧レベルが最大，後方が最小となるが，その差は周波数が高くなるほど大きい。周波数が 2 kHz を超えると正面方向に対する後方の減衰量は 10 dB 以上[12]となるため，聴取者に背を向けて発話することは，図 1.17 を考慮すると音声の明瞭性の観点から不利である。

1.8 両 耳 効 果

ヒトには左右 2 つの耳がある。両耳で音を聞く場合（**両耳聴**，binaural hearing），左右の耳に入力される音の違いを利用することにより，音の到来方向を知覚したり，片耳で聞く場合（**単耳聴**，monaural hearing）よりも雑音の中の音声が聞きやすくなったりする。このような両耳で音を聞くことにより生じる効果を総じて**両耳効果**（binaural effect）と呼ぶ。

1.8.1 ラウドネスの両耳加算

ある音源を両耳に同じ音圧レベルで提示した場合，片耳に同じ音圧レベルで提示した場合よりもラウドネスを大きく知覚することが知られている。両耳聴と単耳聴のラウドネスの違いについて，式 (1.34) が提案されている。

$$L_{mon}=g\log_2(2^{L_{left}/g}+2^{L_{right}/g}) \qquad (1.34)$$

ここで，L_{left}，L_{right} はそれぞれ左右の耳に入力される音の音圧レベル，L_{mon} は単耳聴で同じラウドネスを知覚するのに必要な音圧レベルである。g はバイノーラルゲインと呼ばれる値であり，両耳にそれぞれ同じ音圧レベルで音が入力された場合，片耳に同じ音圧レベルで音が入力された場合と比較してラウドネスがどの程度上昇するかを音圧レベルで換算した値である。なお，式 (1.34) は L_{left} と L_{right} が異なる条件にも適用できる式である。

単純に両耳聴において単耳聴の2倍のラウドネスを知覚するとすれば，図1.10で考えると $g=10$ となるが，近年の研究ではそれよりも小さいラウドネス（$g=3$～6，1.2～1.5倍相当）[13]を知覚するとされている。

1.8.2　左右の方向知覚

音が正面から到来する場合，左右の耳に入力される音にはほぼ違いが生じない。一方，音が側方から到来する場合は，音が左右の耳に到達する経路に差が生じ，左右の耳に入力される音には時間差とレベル差が生じる。これらの差をそれぞれ**両耳間時間差**（interaual time difference），**両耳間レベル差**（interaual level difference）と呼ぶ。

ヒトは両耳間時間差と両耳間レベル差を左右の方向知覚の手掛かり[†1]として用いている。音が相対的に早くかつ強く到達した耳の方向に音像を知覚するが，両耳間時間差と両耳間レベル差が大きくなるほど側方に音像を知覚する。

〔1〕 **両耳間時間差**　　両耳間時間差は音の到来方向が側方になるほど大きくなり，最大で600～800 μs である。両耳間時間差に対する周波数の影響は小さいが，周波数が1.5 kHz 以上になると両耳間時間差による左右の方向知覚ができなくなる。これは，実際には時間差よりも位相差のほうが左右の方向知覚の手掛かりとして重要であり，周波数が1.5 kHz 以上になると両耳間時間差の変化幅の範囲で複数の位相差が検出されるようになるためである[†2]。

---

†1　前後・上下の方向知覚は，頭部伝達関数の振幅スペクトルが手掛かりであるとされており，おもに4 kHz 以上の周波数成分が重要である。

〔2〕 **両耳間レベル差** 両耳間レベル差は頭部による回折現象が関係するため，周波数が高くなるほど大きくなる。例えば 200 Hz では 5 dB を超えることはないが，6 kHz では最大で 30 dB に達する。基本的に音の到来方向が側方になるほど大きくなるが，真横から到来する場合が最大とならない周波数もあり，両耳間時間差と比較すると到来方向との関係は複雑である。両耳間レベル差は周波数が高い場合でも左右の方向知覚の手掛かりとなる。その一方で，周波数が低い場合は両耳間レベル差そのものが生じないため手掛かりとすることができない。

1.8.3 両耳マスキングレベル差

単耳聴と比較して，両耳聴のほうがマスキング量は小さくなり，マスキーが聞こえやすくなる場合があることが知られている。単耳聴のマスキング閾に対する両耳聴のマスキング閾の低下量を**両耳マスキングレベル差**（binaural masking level difference）と呼ぶ。両耳マスキングレベル差は，音の到来方向と左右の耳に入力される音の相関（類似度）の影響を受ける。

音の到来方向については，マスキーとマスカーの到来方向が異なるほど両耳マスキングレベル差は大きくなる。例えば，マスキーとしてクリック音，マスカーとして広帯域雑音を用いた場合，それぞれを左右から提示する条件の両耳マスキングレベル差は約 18 dB まで達する[14)]。

左右の耳に入力される音の相関については，マスキーとマスカーのそれぞれに対する左右の相関を考え，それらの差が大きいほど両耳マスキングレベル差が大きくなる。この相関は，音源あるいは反射音の数とその空間分布によって異なる。例えば，音の拡散がよい室でスピーカから離れた位置で音を聞く場合に相関は低くなり，スピーカ近傍で音を聞く場合に相関は高くなる。相関の強さを表す相関係数は ±1 の範囲の値をとり，絶対値が 1 に近いほど相関が強いことを示す。しかし，現実の音場で複合音を聞く場合，左右の耳に入力される

† 2 高い周波数の音でも音圧レベルに時間変動がある場合は，その包絡線の時間差を手掛かりとして左右の方向知覚が可能である。

音の相関係数が負になることはまれである。相関係数が 0 ～ 1 の範囲では，到来方向と比較すると影響は小さい。例えば，マスキーとして 500 Hz のトーンバースト，マスカーとして広帯域雑音を用いた場合，左右の耳に入力される音の相関の差による両耳マスキングレベル差は，最大でも 3 ～ 4 dB 程度である[15]。

引用・参考文献

建築音響学に関わる物理についてさらに学習したい読者には，文献 16）～ 18）をお勧めする。流体や固体の運動に関しては 19）が良書である。

1） H. Fastl and E. Zwicker：Psychoacoustics：Facts and Models, p. 17, 78, 159, Spriner（2006）
2） S. S. Stevens and J. Volkmann：The relation of pitch to frequency：A revised scale, The American Journal of Psychology, **53**[†], 3, pp. 329-353（1940）
3） 日本音響学会編：音響学入門，p. 41，コロナ社（2011）
4） H. Takeshima1, Y. Suzuki, K. Ozawa, M. Kumagai, and T. Sone：Comparison of loudness functions suitable for drawing equal-loudness-level contours, Acoust. Sci. & Tech., **24**, 2, pp. 61-68（2003）
5） レイ・D・ケント，チャールズ・リード：音声の音響分析，p. 21, 117, 海文堂（1996）
6） S. Amano, S. Sakamoto, T. Kondo, and Y. Suzuki：Development of familiarity-controlled word lists 2003（FW03）to assess spoken-word intelligibility in Japanese, Speech Commun., **51**, 1, pp. 76-82（2009）
7） M. Morimoto, H. Sato, and M. Kobayashi：Listening difficulty as a subjective measure for evaluation of speech transmission performance in public spaces, J. Acoust. Soc. Am., **116**, 3, pp. 1607-1613（2004）
8） 日本建築学会編：日本建築学会環境基準 AIJES-S0002-2011，都市建築空間における音声伝送性能評価規準・同解説（2011）
9） D. Byrne et al.：An international comparison of long-term average speech spectra, J. Acoust. Soc. Am., **96**, 4, pp. 2108-2120（1994）
10） 白石君男，神田幸彦：日本語における会話音声の音圧レベル測定，Audiology

† 論文の太字は巻数，細字は号数を表す。

Japan, **53**, 3, pp. 199-207 (2010)

11) 三浦種敏監修：新版聴覚と音声, p. 453, コロナ社 (1980)

12) W. T. Chu and A. Warnock：Detailed directivity of sound fields around human talkers, Tech. Rep. IRC-RR-104, National Research Council Canada (2002)

13) M. Florentine et al.：Loudness, pp. 186-187, Springer (2011)

14) K. Saberi, L. Dostal, T. Sadralodabai, V. Bull, and D. R. Perrott：Free-field release from masking, J. Acoust. Soc. Am., **90**, 3, pp. 1355-1370 (1991)

15) D. Robinson and L. Jeffress：Effect of varying the interaural noise correlation on the detectability of tonal signals, J. Acoust. Soc. Am., **35**, 12, pp. 1947-1952 (1963)

16) 前川純一, 森本政之, 阪上公博：建築環境音響学 第3版, 共立出版 (2011)

17) 田中俊六, 岩田利枝, 土屋喬雄, 秋元孝之, 寺尾道仁, 武田仁：最新建築環境工学 改訂4版, 井上書院 (2014)

18) 松浦邦男, 高橋大弐：エース建築環境工学I—日照・光・音—, 朝倉書店 (2001)

19) 佐野理：連続体力学, 朝倉書店 (2002)

2章 室内の音場

◆本章のテーマ

室内で音を発生させた場合，受音点には音源から直接到達する音だけでなく，壁・床・天井といった境界面で反射した音も到達する。その結果，障害物のない空間と比較して音圧分布は異なり，さらに音源を停止した後もしばらく音が聞こえる残響が生じる。このような室内音場の特性は音の知覚に影響するため，建築音響の設計では室内音場の特性を予測する方法が重要となる。本章では，拡散音場の仮定のもとに室内音場を理論的に記述する方法，基礎的な物理量である残響時間の測定方法，室内音場が音の知覚に与える影響について順を追って解説する。

◆本章の構成（キーワード）

2.1　室内音場の特徴
　　反射音，残響
2.2　室内音場の波動的性質
　　固有振動，固有周波数，縮退
2.3　拡散音場の性質
　　拡散音場，シュレーダー周波数，ランダム入射
2.4　室内音場の残響理論
　　残響時間，セイビンの残響式，アイリングの残響式，アイリング-ヌートセンの残響式
2.5　音圧分布
　　室内平均音圧レベル，臨界距離，Barron の修正理論
2.6　室内音場の測定
　　残響減衰曲線，ノイズ断続法，インパルス応答積分法
2.7　室内音場における音の知覚と物理指標
　　第一波面の法則，ハース効果，残響感，広がり感，音響障害

2.1　室内音場の特徴

屋外で発せられた音は，障害物などがなく自由空間に近い場合には，音源からの距離に応じてしだいに減衰していくため音場の性質は単純である。室内で音を発生すると，音源から直接届く直接音のほかに周囲の壁や床，天井によって反射音が生じる。すなわち，室内音場は直接音と反射音群で構成されており，反射音の効果によりつぎのような特徴を示す。① 音源からある距離の受音点における音の強さは，自由空間と比べて大きく，ある程度音源から離れるとほとんど変化しなくなる。② 音源が停止した後にも，遅れて到来する反射音群によって残響を生じる。この2つは自由空間と異なる室内音場の最も重要な特徴である。そのほかにも，エコーやフラッタエコー（鳴竜），ブーミング（低音共鳴）などの特異な音響現象が発生し，音響的に問題となることがある。これらはすべて室の周壁によって生じた反射音の効果であり，室の大きさ，形状，内装など室の境界条件によって制御できる。

2.2　室内音場の波動的性質

音は媒質空気を伝搬する波動現象であるため，室内音場を本質的に理解するには波動場として扱う必要がある。本節では室内音場を波動場としてとらえる際に，最も重要で基本的な性質である室の固有振動について述べる。

2.2.1　室の固有振動

ギターやバイオリンなどの弦を指ではじくと，弦は特有の音色を発しながら振動する。特有の音色を生み出すのは，弦の長さや材質，固定方法などによって決まる**固有振動**（characteristic vibration）である。それと同様に，室内**音場**（sound field）は室内の空気を媒質とした3次元の振動体であり，室の形状，寸法，壁面材料などによって定まる無数の固有振動を持っている。室内で音が発せられると，音源に含まれる周波数に応じて室の固有振動が励振される。室内音場の**定常状態**（steady state）においては，励振された固有振動によって定在波が生じ，定在波の振幅に応じた特有の音圧分布を示す。また音源が停止すると，励振された室の固有振動はそれぞれの減衰率で減衰する。室内の励振された固有振動の減衰の重ね合わせが残響である。

2.2.2　管内の固有振動

室内音場を波動場としてとらえるための第一歩として，まずは最も単純な波動場である1次元の空間，すなわち管内の音場について概説する。

〔1〕 **1次元波動方程式**　直径が音の波長より十分小さい管の中は，音波が断面方向には伝搬しないので，長さ方向（x 方向）のみに平面波が伝搬する1次元の波動を考えればよい。音は媒質を伝わる微小振幅の縦波であり，これを表す1次元の波動方程式は媒質中の音速を c〔m/s〕とすれば，以下のように表せる。

$$\frac{\partial^2\phi}{\partial t^2}=c^2\frac{\partial^2\phi}{\partial x^2} \tag{2.1}$$

ここで，ϕ は**速度ポテンシャル**（velocity potential）であり，音圧 p〔Pa〕と粒子速度 v〔m/s〕から以下のように定義される。

$$v=\frac{-\partial\phi}{\partial x},$$

$$p=\rho\frac{\partial\phi}{\partial t} \tag{2.2}$$

ここで，ρ は媒質密度〔kg/m³〕である。

音波が角周波数 ω〔rad/s〕の正弦波のときには，式 (2.1) は

$$\left(\frac{\partial^2}{\partial x^2}+k^2\right)\phi=0 \tag{2.3}$$

となる。ただし，$k=\omega/c$ である。

式 (2.3) の一般解は，C_1，C_2 を定数として

$$\phi=C_1 e^{j(\omega t-kx)}+C_2 e^{j(\omega t+kx)} \tag{2.4}$$

となり，第1項は x の正方向，第2項は負方向に進む音波を表す。

これを $A=C_1+C_2$，$B=-j(C_1-C_2)$ とおくと

$$\phi=[A\cos(kx)+B\sin(kx)]e^{j\omega t} \tag{2.5}$$

と変形できる。

〔2〕 **閉管内の固有振動**　長さ L_x の閉管の場合，管の両端 $x=0$ と $x=L_x$ で粒子速度 v が 0 でなければならないため，境界条件は次式で与えられる。

$$v=-\frac{\partial\phi}{\partial x}=0 \qquad (x=0 \quad \text{と} \quad x=L_x\text{のとき}) \tag{2.6}$$

これに式 (2.5) を代入すると

$$v=k[A\sin(kx)-B\cos(kx)]e^{j\omega t} \tag{2.7}$$

となり，$x=0$ で $v=0$ となるには $B=0$ でなければならず，さらに $x=L_x$ で $v=0$ となるには $\sin(kL_x)=0$ でなければならない。したがって，n を非負の整数（0，1，2，…）として，境界条件を満たす定数 k は

$$k=\frac{n\pi}{L_x} \tag{2.8}$$

となり，その角周波数 ω_n は

$$\omega_n=\frac{cn\pi}{L_x} \tag{2.9}$$

のように固有の値をとる。それに対応する周波数 f_n は

$$f_n=\frac{\omega_n}{2\pi}=\frac{cn}{2L_x} \quad \text{〔Hz〕} \tag{2.10}$$

となり，この周波数を**固有周波数**（natural frequency）という[1)]。この周波数において管は共鳴するので，**共鳴周波数**（resonance frequency）ともいう。このとき，音の波長 λ_n を考えると

$$\lambda_n=\frac{c}{f_n}=\frac{2L_x}{n} \quad \text{〔m〕} \tag{2.11}$$

となる。閉管の場合，$n=0$ のときは振動ではなくなるため，n が 1 以上の場合について式 (2.10) と式 (2.11) を併せて考える。$n=1$ のときに管内で生じる最も低い固有周波数となり，その音の波長は管長の 2 倍となる。この固有周波数の整数倍（$n=1$ から無限大）の周波数が固有周波数となるため，閉管内

の音場は無数の固有振動を持っていることがわかる。

管内の粒子速度の分布は式 (2.7) と式 (2.8) から

$$v = kA\sin\left(\frac{n\pi x}{L_x}\right)e^{j\omega t} \tag{2.12}$$

となり，分布は

$$\sin\left(\frac{n\pi x}{L_x}\right) \tag{2.13}$$

で表され，$n=1$ ～ 3 のとき閉管内の固有振動は**図 2.1** の実線のようになる。音圧分布は式 (2.2) と式 (2.5) から

$$p = j\omega\rho A\cos\left(\frac{n\pi x}{L_x}\right)e^{j\omega t} \tag{2.14}$$

となり，分布は

$$\cos\left(\frac{n\pi x}{L_x}\right) \tag{2.15}$$

で表され，$n=1$ ～ 3 のとき図の破線のようになる。

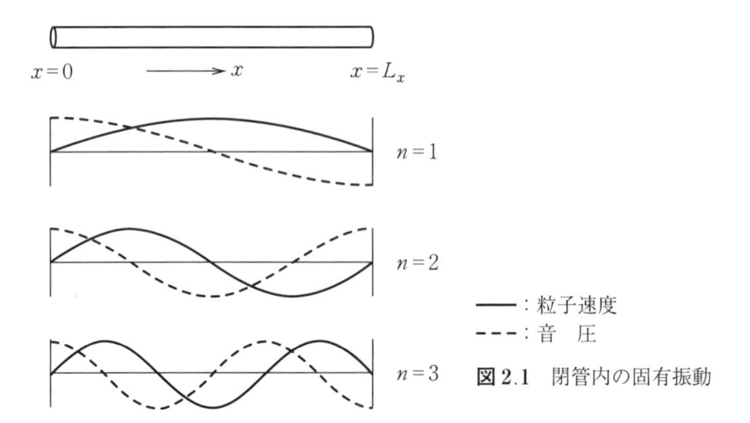

図 2.1　閉管内の固有振動

2.2.3　直方体の固有振動

図 2.2 に示すような，壁面が完全反射面で構成される 3 辺の長さがそれぞれ L_x，L_y，L_z の直方体室における固有振動を考える。

3 次元空間内の速度ポテンシャル ϕ は，以下の 3 次元の波動方程式

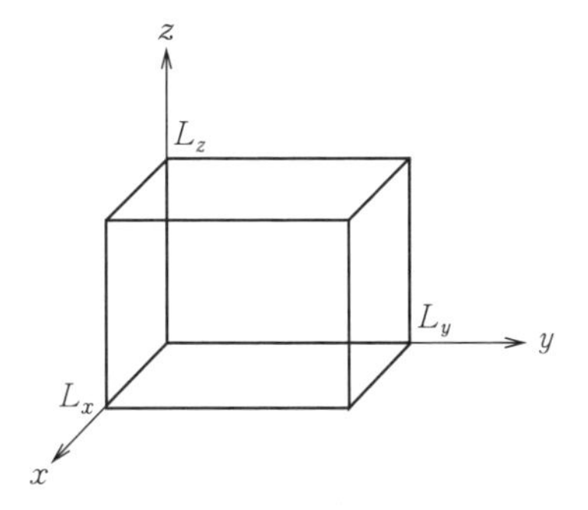

図 2.2 3 辺の長さがそれぞれ L_x, L_y, L_z の直方体室の座標

$$\frac{\partial^2\phi}{\partial t^2}=c^2\left(\frac{\partial^2\phi}{\partial x^2}+\frac{\partial^2\phi}{\partial y^2}+\frac{\partial^2\phi}{\partial z^2}\right) \tag{2.16}$$

の解として与えられる。壁面が完全反射の境界条件は，壁面上の壁面に垂直な粒子速度が 0 ということであり，x, y, z 方向の粒子速度 v_x, v_y, v_z を考えると

$$\left.\begin{aligned} v_x&=-\frac{\partial\phi}{\partial x}=0 \qquad (x=0 \quad \text{と} \quad x=L_x\,\text{のとき}) \\ v_y&=-\frac{\partial\phi}{\partial y}=0 \qquad (y=0 \quad \text{と} \quad y=L_y\,\text{のとき}) \\ v_z&=-\frac{\partial\phi}{\partial z}=0 \qquad (z=0 \quad \text{と} \quad z=L_z\,\text{のとき}) \end{aligned}\right\} \tag{2.17}$$

となる。3 つの変数を分離して 1 次元と同様に解けるので，この条件で波動方程式を解けば，周波数 f_n の固有振動に対する速度ポテンシャルは

$$\phi_{f_n}=A\cos(k_x x)\cos(k_y y)\cos(k_z z)e^{j\omega t} \tag{2.18}$$

と求められる。ただし

$$k=\frac{2\pi f_n}{c}, \quad k=\sqrt{k_x{}^2+k_y{}^2+k_z{}^2} \tag{2.19}$$

$$\left.\begin{aligned} k_x&=\frac{n_x\pi}{L_x} \qquad (n_x=0,\ 1,\ 2,\ \cdots) \\ k_y&=\frac{n_y\pi}{L_y} \qquad (n_y=0,\ 1,\ 2,\ \cdots \\ k_z&=\frac{n_z\pi}{L_z} \qquad (n_z=0,\ 1\ \ 2\ \ \cdots) \end{aligned}\right\} \tag{2.20}$$

である。式 (2.20) を式 (2.19) に代入すると固有周波数 f_n は

$$f_n=\frac{c}{2}\sqrt{\left(\frac{n_x}{L_x}\right)^2+\left(\frac{n_y}{L_y}\right)^2+\left(\frac{n_z}{L_z}\right)^2} \tag{2.21}$$

となることがわかる。直方体室で生じる固有振動は3つの非負整数の組合せ $(n_x,\ n_y,\ n_z)$ によって以下の3種類に分類される。

① **1次元モード** (axial mode または axial wave)：n_x, n_y, n_z のうち2個が0でその他が0でない固有振動。1本の軸に平行な音波であるから**軸波**とも呼ばれる。

② **2次元モード** (tangential mode または tangential wave)：n_x, n_y, n_z のうち1個が0でその他が0でない固有振動。1対の平行壁面に平行で，他の2対の壁面に斜めに入射する音波で，**接線波**とも呼ばれる。

③ **3次元モード** (oblique mode または oblique wave)：n_x, n_y, n_z のいずれも0でない固有振動。すべての壁面に斜めに入射する音波で，**斜め波**とも呼ばれる。

室の固有振動は，室寸法 L_x, L_y, L_z と $(n_x,\ n_y,\ n_z)$ に応じて無数に存在し，その固有周波数は1次元音場と同様に離散的である。$L_x>L_y, L_z$ とすれば，(1, 0, 0) がその室で生じる最低の固有振動である。

室内のある点 (x, y, z) での音圧は以下のようになる。

$$p_{n_x,n_y,n_z}(x, y, z)=j\omega\rho A\cos\left(\frac{n_x\pi x}{L_x}\right)\cos\left(\frac{n_y\pi y}{L_y}\right)\cos\left(\frac{n_z\pi z}{L_z}\right)e^{j\omega t} \tag{2.22}$$

式 (2.22) の時間因子 $\exp(j\omega t)$ と振幅 $j\omega\rho A$ を省略して音圧の相対振幅の空間分布だけに着目すると，以下のようになる。

$$\cos\left(\frac{n_x\pi x}{L_x}\right)\cos\left(\frac{n_y\pi y}{L_y}\right)\cos\left(\frac{n_z\pi z}{L_z}\right) \tag{2.23}$$

同様に，粒子速度の相対振幅の空間分布は

$$\sin\left(\frac{n_x\pi x}{L_x}\right)\sin\left(\frac{n_y\pi y}{L_y}\right)\sin\left(\frac{n_z\pi z}{L_z}\right) \tag{2.24}$$

となる。

式 (2.23) を用いて計算した固有振動モード (2, 0, 0), (1, 1, 0), (2, 1, 0) の

音圧分布を**図 2.3** に示す。なお，すべて $n_z=0$ なので 2 次元分布として表すことができる。式 (2.23) の計算値は音圧 0 すなわち定在波の節の両側で符号が逆になるが，音圧分布としては位相を問題にする必要がないので絶対値で描画してある。(2, 0, 0) の軸波は，平行壁面間で壁面間距離を波長とする音が励振され，その固有周波数は式 (2.21) から $f_n=c/L_x$ となる。

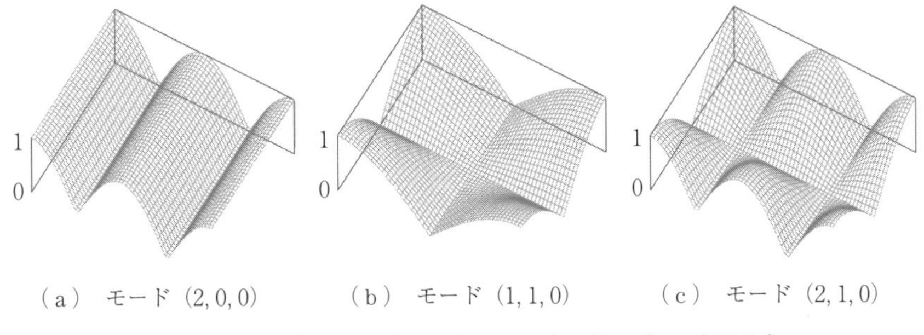

（a） モード (2, 0, 0)　　（b） モード (1, 1, 0)　　（c） モード (2, 1, 0)

図 2.3 固有振動モード (2, 0, 0)，(1, 1, 0)，(2, 1, 0) の音圧分布

固有振動を解析的に解けるのは直方体室のような単純な条件に限られ，複雑な室形状に対しては非常に困難な問題となる。実際の建築空間は直方体室とは限らないが，室幅，奥行，天井高というように建築空間を単純化すれば直方体室に近似できるので，直方体に関する検討は少なくとも定性的には多くの建築空間に適用できるであろう。

また，これまで壁面が完全反射の条件で検討してきたが，実際の壁面はある程度吸音を持っているのが普通であろう。壁面が吸音を持っている場合の固有周波数は，一般に完全反射の場合に比べやや低いほうに移動し，さらに個々の固有振動の周波数軸上におけるピークの鋭さが緩くなり（ピークから －3 dB となる周波数幅である半値幅が広がる），結果として伝送周波数特性が平たん化される。

2.2.4 固有振動の分布と縮退

〔1〕 **室の固有振動と伝送特性**　　式 (2.21) で示したように，室は無数の固有振動を持ちその固有周波数は離散的である。そして，室寸法によって離散

的に生じる固有振動の密度が異なる。固有振動の周波数軸上の分布がまばらな場合，固有周波数付近の周波数の音だけが大きく強調され，それ以外の音はほとんど聞こえないといった現象が生じる。この現象は特に室容積の小さい室の低音域で生じやすい。

室の固有周波数は室内の伝送特性を測定することで観測可能となる。例えば，室内のある点に置いたスピーカから，一定のレベルで周波数を徐々に移動（sweep）させた**正弦波信号**（swept sine signal）を発生させ，同時に受音点での音圧を記録することでスピーカと受音点の2点間の伝送特性が得られる。このようにして得られる直方体室（7.7 m×4.8 m×2.8 m）の低音域における伝送特性の例を**図 2.4** に示す。このように伝送特性の山と谷がはっきりしている室では，特定の音が聞こえたり聞こえなかったり，あるいは原音の音色が著しく変化するなど，音響上好ましくない現象が生じる。したがって，固有振動の周波数分布は音響設計において重要な要素となる。

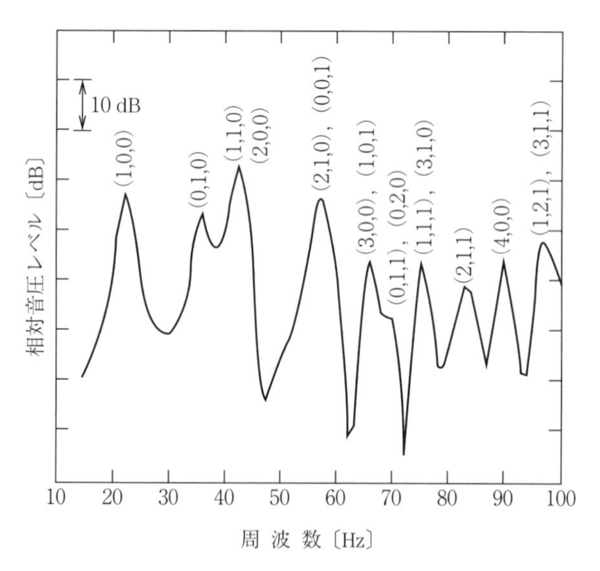

図 2.4　直方体室（7.7 m × 4.8 m × 2.8 m）の低音域における伝送特性の例

〔2〕 **固有周波数の数と分布**　固有周波数の式 (2.21) を

$$f_n=\sqrt{\left(\frac{cn_x}{2L_x}\right)^2+\left(\frac{cn_y}{2L_y}\right)^2+\left(\frac{cn_z}{2L_z}\right)^2} \tag{2.25}$$

のように書き改める。これをみると，f_n は3次元直交座標

$$\left(\frac{cn_x}{2L_x},\ \frac{cn_y}{2L_y},\ \frac{cn_z}{2L_z}\right)$$

の点と原点との距離に相当することがわかる。直方体室の固有振動周波数の分布は**図 2.5** のように，軸の3次元座標の直交成分 f_x，f_y，f_z が，$c/(2L_x)$，$c/(2L_y)$，$c/(2L_z)$ の整数倍になる直交格子の接点の数で表せることがわかる。したがって，ある周波数 f より小さい周波数領域の固有振動の数は，f_x，f_y，f_z が正となる第1象限において，半径 f の球内にある接点数の総数に等しい。近似的には半径 f の球の第1象限の体積 $\pi f^3/8$ を，各格子の直方体の体積 $c^3/(8L_xL_yL_z)$ で割ることにより，周波数 f 以下の固有振動の数を求めることができる。

$$N(f)\cong\frac{4\pi V}{3c^3}f^3 \tag{2.26}$$

ここで，$V=L_x\times L_y\times L_z$：直方体室の容積である。

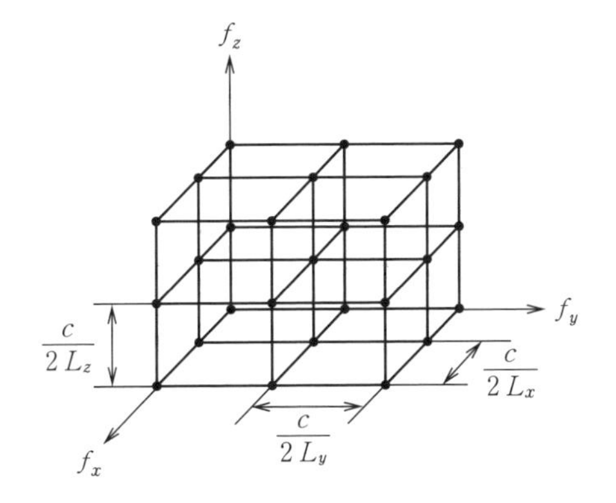

図 2.5　直方体室の固有振動周波数の分布

これによれば，室の固有振動の数は周波数 f の3乗に比例して増加し，室容積 V が大きいほど多くなることがわかる。また，周波数軸上の固有振動の平

均密度（単位周波数当りの固有振動の数）は式 (2.26) を f で微分して

$$\frac{dN(f)}{df} \cong \frac{4\pi V}{c^3} f^2 \tag{2.27}$$

となる。

ところで，図 2.5 において f_x, f_y, f_z 軸上の接点は 1 次元モード（軸波），直交 2 軸を含む平面内の接点は 2 次元モード（接線波），それ以外の接点は 3 次元モード（斜め波）にそれぞれ対応している。よって，1 次元モードは f に比例し，2 次元モードは f^2 に比例し，3 次元モードは f^3 に比例して増加する。これらを考慮してより正確に固有振動の数を求めると，以下のようになる。

$$N(f) = \frac{4\pi V}{3c^3} f^3 + \frac{\pi S}{4c^2} f^2 + \frac{L}{8c} f \tag{2.28}$$

ここで，$S=2(L_xL_y+L_yL_z+L_zL_x)$：直方体室の壁の総面積，$L=4(L_x+L_y+L_z)$：直方体室の辺長の総和である。

固有振動の数について式 (2.26) を用いて計算してみる。例えば，室容積 $V=10\,000\ \mathrm{m}^3$ のホールにおいては，100 ～ 101 Hz の間に約 32 個，1 000 ～ 1 001 Hz の間に約 3 200 個の固有振動が存在する。さらに，基準音ラ（440 Hz）～ラ $^\#$（466 Hz）の間には 17 177 個もの固有振動が存在することがわかる。

〔3〕 **室の寸法比と固有振動の縮退**　式 (2.21) で固有周波数を計算すると，固有振動モード（n_x, n_y, n_z）が異なっても同じ周波数となる場合がある。このとき固有振動が**縮退**（degenerate）しているという。これは図 2.5 において，原点を中心とする 1 つの球面上に複数の接点が存在することに対応する。例えば，室寸法比 $L_x : L_y : L_z$ が 1：1：1 の立方体では，この縮退が著しく生じる。このような室では，固有振動の分布のむらが大きくなり，周波数軸上の山と谷が著しくなって，2.2.4 項〔1〕で述べたような音響上好ましくない現象が生じる。一般に立方体以外でも，室寸法の比が 1：2：4 のように簡単な倍数比は縮退が著しくなるので避けるべきである。一例として，3 m×3 m×3 m の立方体と 2 m×3 m×4.5 m の直方体の 2 室における，固有振動の周波数軸上の分布の計算結果を**図 2.6** に示す。2 室の室容積はまったく同じであ

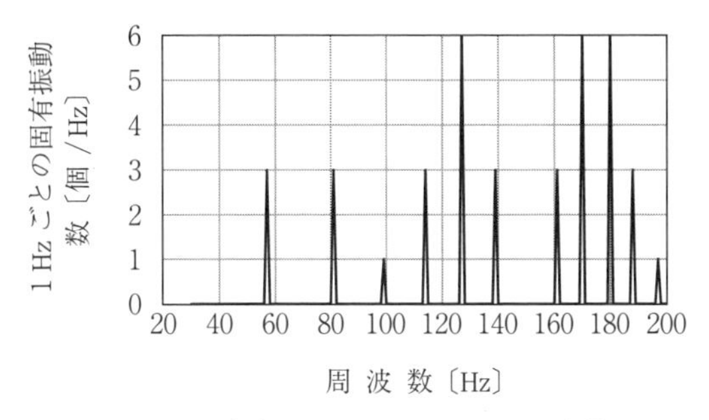

（a）3 m×3 m ×3 m の立方体

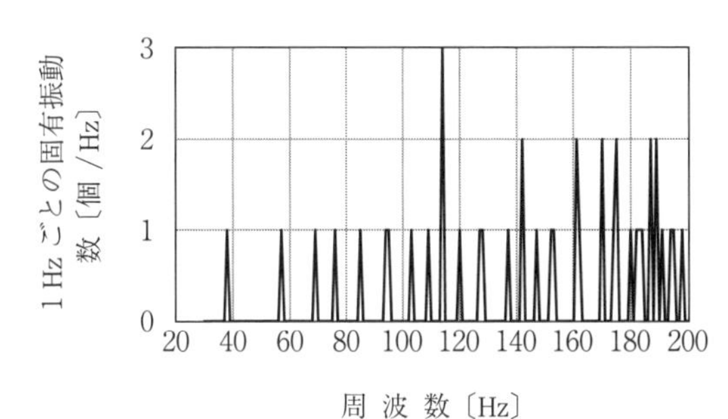

（b）2 m×3 m×4.5 m の直方体

図 2.6 3 m × 3 m × 3 m の立方体と 2 m × 3 m × 4 m の直方体の 2 室における固有振動の周波数軸上の分布の計算結果

る。これをみると，立方体室は同じ周波数に最大 6 つの固有振動が重なって縮退しており，結果として固有振動の分布のむらが大きくなっている。一方，室寸法に単純な整数比を避けた直方体室は，縮退が少なく立方体に比較して均等な分布となっているのがわかる。

2.3 拡散音場の性質

拡散音場は，室内音響理論の基礎となっている重要な概念である。室内音響学の根幹をなしている**残響理論**（reverberation theory）も拡散音場を仮定することで成り立っている。本節では，**室内音響学**（room acoustics）の基礎となっている拡散音場の性質について概説する。

2.3.1　拡散音場の仮定

拡散音場は以下の2点を仮定する。① 音響エネルギーが室内全体に均一に分布している。② 室内のどの点においても音響エネルギーがあらゆる方向に一様に伝搬している。このような状態を音が拡散しているという。実際にはこれを完全に満たす音場は存在しないが，よく設計された残響室内の音場は拡散音場に近いと考えられる。

2.2節で述べたように，固有振動の密度は周波数が高いほど，また室容積が大きくなるほど高くなる。固有振動の密度が非常に高くなると，多数の固有振動を個々に波動として取り扱うことは不可能となり，統計的な処理が必要になる。また，そのような条件では個々の固有振動の波動性の重要性が相対的に低下し，固有振動群の統計的性質に着目したエネルギー的な考え方が有効になってくる。ホールなど室容積が大きい場合には，ヒトの最低可聴周波数である20 Hzにおいても固有振動の密度が十分大きく，可聴域全体にわたってエネルギー的取扱いが有効となる音場もある。しかし，より小規模な一般的な空間では，波動性が重要となってくる周波数領域とエネルギー的取扱いが有効となってくる周波数領域が混在していると考えられる。つぎの2.3.2項ではその2つを分ける周波数境界について議論する。

2.3.2　固有振動の減衰とシュレーダー周波数

室内で励振された固有振動は，音が停止すると周壁吸音や空気吸収によって減衰する。その減衰は個々の固有振動で異なる。固有振動の音源停止前の振幅をP_n，**減衰定数**（damping constant または decay constant）をγ_nとすると，固有振動の音圧振幅は以下のように減衰する。

$$p_n(t)=P_n e^{-\gamma_n t} \tag{2.29}$$

$t=0$は音が停止した時間である。この固有振動による音のエネルギー密度E_nは音圧の2乗に比例するので

$$E_n(t)\propto P_n^2 e^{-2\gamma_n t} \tag{2.30}$$

となる。そして，室内音場の重要な指標である残響時間 T（2.4 節参照）と減衰定数 γ_n の関係は

$$T=\frac{3}{\gamma_n \log_{10} e}=\frac{6.91}{\gamma_n} \tag{2.31}$$

である。

減衰する固有振動は**図 2.7** のように，周壁が完全反射の場合に比べて周波数軸上におけるピークの鋭さが緩くなり，ピークから −3 dB となる周波数幅である半値幅 $\varDelta f_n$ が広がる。半値幅 $\varDelta f_n$ と減衰定数 γ_n の間には

$$\varDelta f_n=\frac{\gamma_n}{\pi} \tag{2.32}$$

なる関係があり，減衰定数が大きいほど半値幅が大きくなる。固有振動の密度は式 (2.27) で表されるから，半値幅 $\varDelta f_n$ 内に存在する固有振動の数は

$$\varDelta f_n \frac{4\pi V}{c^3} f^2 \tag{2.33}$$

となる。シュレーダー[2)]はこの数が 3 個未満であれば，個々の固有振動のピークが分離できるが，3 個以上であればモードのピークが重なって個々の固有振動を分離できないことを示した。そして

$$3=\varDelta f_n \frac{4\pi V}{c^3} f^2 \tag{2.34}$$

を f について解き，式 (2.31)，(2.32) を代入すると，以下の**シュレーダー周**

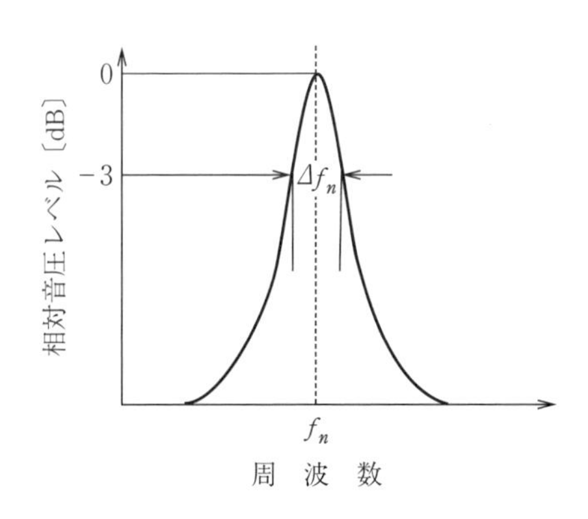

図 2.7 固有振動の半値幅 $\varDelta f_n$

波数（Schroeder frequency）f_S が得られる。

$$f_S=\sqrt{\frac{3c^3}{4\pi V\Delta f_n}}=\sqrt{\frac{3c^3}{4V\gamma_n}}\cong 2\,000\sqrt{\frac{T}{V}} \tag{2.35}$$

シュレーダー周波数 f_S より低い周波数領域では，個々の固有振動の波動性が重要になり，これより高い周波数領域では個々の固有振動を分離できなくなるため，音場の統計的な性質が議論の対象となりエネルギー的な扱いが有効となる。

拡散音場においては互いにインコヒーレントな平面波があらゆる方向から同じ強さで到来している。このことにより音波の互いの干渉は無視でき，単純なエネルギー加算が可能となる。シュレーダー周波数以上であっても必ずしも音場が拡散しているとは限らないが，少なくとも拡散音場の仮定が成立する必要条件として，シュレーダー周波数より大きい周波数領域であるか否かは1つの目安となるであろう。

2.3.3 拡散音場を伝搬する音波のエネルギー

自由空間を伝搬する単一平面波の音の強さを I_f とすると，それによる音響エネルギー密度 E とは，以下のように関係付けられる。

$$I_f=cE \tag{2.36}$$

図 2.8 に拡散音場の点Pへの入射エネルギーを示す。拡散音場において室内のある点Pを中心とする単位球面 S_1 を考え，点Pを通過するあらゆる平面波のうち，微小立体角 $d\Omega$ の方向から強さ I で到来する平面波を考える。この平面波によってもたらされる点Pにおける音響エネルギー密度 dE は，式

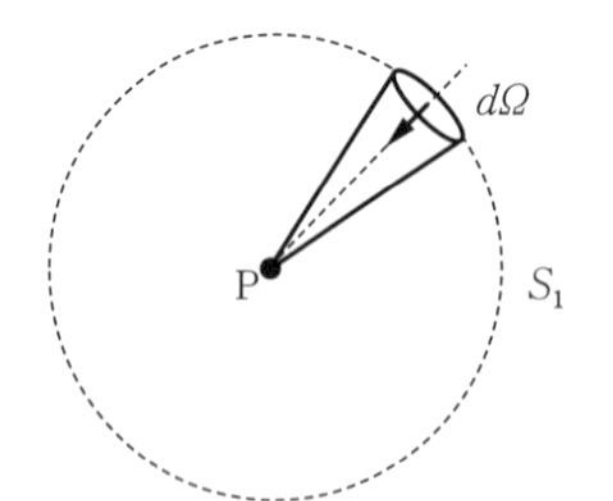

図 2.8　拡散音場の点Pへの入射エネルギー

(2.36) の関係を用いてつぎのように表される。

$$dE=\frac{I}{c}d\Omega \tag{2.37}$$

全方向から到来する平面波による点Pにおけるエネルギー密度 E は，以下のようになる。

$$E=\oint_{S_1}\frac{I}{c}d\Omega=\frac{4\pi I}{c} \tag{2.38}$$

ここから

$$I=\frac{cE}{4\pi} \tag{2.39}$$

となる。この I は，音響エネルギー密度 E の拡散音場において，ある点Pからみて単位立体角の範囲から到来して単位時間に通過するエネルギーを表している。したがって，全方向（全立体角 4π）から単位時間に点Pを通過するエネルギー I_P は

$$I_P=4\pi I \tag{2.40}$$

であり，これに式 (2.39) を代入すると

$$I_P=cE \tag{2.41}$$

となる。これは拡散音場において，あらゆる方向から到来する平面波によって単位時間に点Pにもたらされるエネルギーの総和が，式 (2.36) の平面波の場合と同様に，エネルギー密度 E と音速 c の積で表されることを示している。

ちなみに I_P はスカラー量であるが，ベクトル量である音響インテンシティ $\boldsymbol{I}$ を考えると，上述の拡散音場の仮定から，拡散音場では室内のどの点においても平均音響インテンシティの大きさ $|\boldsymbol{I}|$ はゼロになる。

2.3.4　拡散音場における壁面への入射エネルギー

図 2.9 は，拡散音場における壁面上の微小面積要素 dS に微小立体角要素 $d\Omega$ から音波が入射する様子を表している。拡散音場では壁面に入射する音波の位相はランダムで，入射音の互いの干渉は無視でき，単純なエネルギー加算

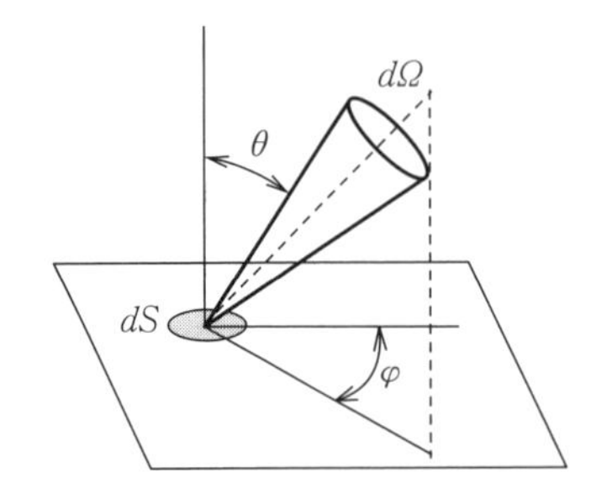

図 2.9　拡散音場における壁面上微小面 dS への入射エネルギー

が可能となる。さらに，壁面への入射音の強さはあらゆる方向に均一であり，壁面からみたすべての微小立体角要素から単位時間に等しいエネルギーが入射する。この条件を**ランダム入射**（random incidence）という。

dS の中心に座標系の原点をとり，原点を通る dS の法線を主軸とする。このとき立体角要素 $d\Omega$ は天頂角 θ と方位角 φ とすれば，以下のように表せる。

$$d\Omega = \sin\theta \cdot d\theta \cdot d\varphi \tag{2.42}$$

dS の θ，φ 方向の射影は $dS \cdot \cos\theta$ である。したがって，単位時間当りに $d\Omega$ から dS に入射する音響エネルギーは $I\cos\theta \cdot dS \cdot d\Omega$ である。式 (2.42) より

$$I\cos\theta \cdot dS \cdot d\Omega = I\cos\theta \cdot dS \cdot \sin\theta \cdot d\theta \cdot d\varphi \tag{2.43}$$

となる。これをすべての立体角要素について積分する。このとき，拡散音場ではランダム入射が仮定できるので，入射音の強さ I は到来方向 θ と φ に依存せず，互いにインコヒーレントである。単位時間当り dS に入射する総エネルギー e_w は以下のようになる。

$$e_w = IdS\int_0^{2\pi} d\varphi \int_0^{\pi/2} \cos\theta \cdot \sin\theta \cdot d\theta = \pi IdS \tag{2.44}$$

両辺を dS で割ると，次式のように壁面の単位面積に単位時間当り入射する音響エネルギー I_w が得られる。

$$I_w = \pi I \tag{2.45}$$

これに式 (2.39) を代入すると，以下のようになる。

$$I_w = \frac{cE}{4} \tag{2.46}$$

これを式 (2.41) の拡散音場における空間内の点への入射エネルギー I_P と比べ

てみると

$$I_w=\frac{I_P}{4} \tag{2.47}$$

なる関係が得られる。これをみると，音響エネルギー密度 E の拡散音場の周壁の単位面積に入射するエネルギー I_w は，空間内のある点に全方向から入射するエネルギー I_P の 1/4 であることがわかる。ちなみに，平面波が壁面に垂直に入射したときには式 (2.36) から $I_w=cE$ となる。これを式 (2.46) と比べると，拡散音場における壁面へのランダム入射は，垂直入射に比べて 1/4 となることもわかる。これらは拡散音場の重要な性質である。

2.4　室内音場の残響理論

室内空間における音響現象の最も顕著な特徴は残響であろう。この残響を取り扱う残響理論は室内音響学の根幹をなしている。現在広く使われているセイビンやアイリングらの残響理論は，音場を拡散音場とみなして組み立てられており，拡散音場を仮定することで明快な理論となっている。本節では，室内音響学の基礎である残響理論について述べる。

2.4.1　残響時間と室の吸音

室内空間の残響は室容積が大きいほど長くなり，吸音する材料や物体が多いほど短くなるという現象を W.C. セイビン[3]が実験的に見いだし，1900 年に室内残響の法則として発表した。**図 2.10** に示すように，定常状態において音源を停止した後，室内音響エネルギー密度が 100 万分の 1 になるまでの時間，すなわち 60 dB 減衰するのに要する時間を**残響時間**（reverberation time）という。残響時間は室内音響特性を表す最も基本的な指標の 1 つである。セイビンの残響法則の発見後，室内残響の理論面に関しても進展があり整理された。そのため室の設計時に残響時間を予測計算できるようになり，科学的な根拠に基づく音響設計に道が開かれた。

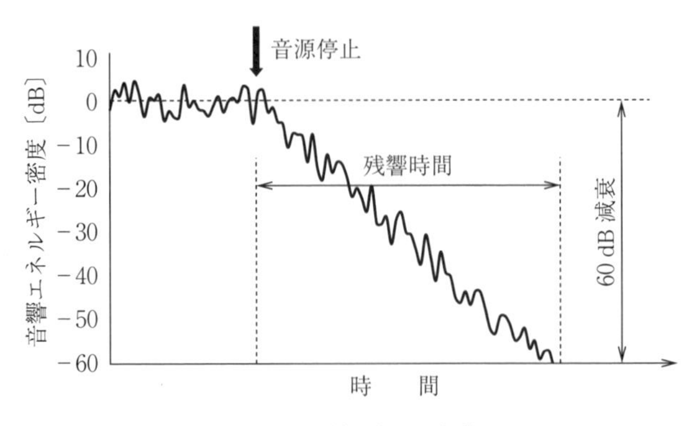

図 2.10　残響時間の定義

2.4.2　等価吸音面積と平均吸音率

残響を決定付けるパラメータである室の吸音として，**等価吸音面積**（equivalent absorption area）と**平均吸音率**（average absorption coefficient）について述べる。面積 S_i，吸音率 α_i の壁面の等価吸音面積は $A_i = S_i \alpha_i$〔m^2〕となる。室を構成するすべての壁面についてこれを計算して合計すると，全壁面の等価吸音面積 A_w が求まる。

$$A_w = \sum_i S_i \alpha_i \tag{2.48}$$

壁面だけでなく室内にある家具やヒトなども吸音する。室内に表面積を求めにくい物体やヒトなどが存在する場合には，個々の物体（ヒト）の等価吸音面積を A_j として式 (2.48) に加え，室の等価吸音面積 A〔m^2〕とすると

$$A = \sum_i S_i \alpha_i + \sum_j A_j \tag{2.49}$$

となる。この等価吸音面積 A を室内壁面の総表面積 S〔m^2〕で割ると，室内平均吸音率 $\bar{\alpha}$ は

$$\bar{\alpha} = \frac{A}{S} \tag{2.50}$$

となる。

2.4.3 セイビンの残響式

拡散音場の仮定下で，室内における音響エネルギーのバランスを考える。室の容積を V，周壁の全表面積を S，平均吸音率 $\overline{\alpha}$，単位時間当り音源から放射されるエネルギーの時間関数を $W(t)$ とする。室内のエネルギー密度 E の変化率 dE/dt から，単位時間のエネルギーの変化量は $V(dE/dt)$ である。一方，単位時間に全壁面で吸音される総エネルギーは，式 (2.46) の拡散音場での壁面への入射エネルギー I_w を使って以下のようになる。

$$I_w \overline{\alpha} S = \frac{cE\overline{\alpha}S}{4} = \frac{cEA}{4} \tag{2.51}$$

ここで，$A = \overline{\alpha}S$ は等価吸音面積〔m^2〕である。

室内のエネルギーの変化量 $V(dE/dt)$ は，室内に供給されるエネルギー $W(t)$ から周壁で吸音されるエネルギーを引いたものに等しいので，次式が成り立つ。

$$V\frac{dE}{dt} = W(t) - \frac{cEA}{4} \tag{2.52}$$

定常状態では $W(t)$ は定数 W となり，時間微分 dE/dt は 0 となるので，定常状態のエネルギー密度 E_0 は次式となる。

$$E_0 = \frac{4W}{cA} \tag{2.53}$$

一方，定常状態において $t=0$ で音源が停止したとすれば，$t \geqq 0$ では $W(t)=0$ となり，式 (2.52) は以下のようになる。

$$V\frac{dE}{dt} + \frac{cEA}{4} = 0 \tag{2.54}$$

上式の解は，次式のようになる。

$$E(t) = E_0 \exp\left(-\frac{cA}{4V}t\right) \tag{2.55}$$

これが残響減衰を表す式である。残響時間 T〔s〕は $E(t)$ が $10^{-6}E_0$ となる時間であるから

$$10^{-6}=\exp\left(-\frac{cA}{4V}T\right) \tag{2.56}$$

とおき，両辺の対数をとって T について解けば，次式が得られる。

$$T=\frac{24\ln 10\cdot V}{cA} \tag{2.57}$$

ここで

$$K=\frac{24\ln 10}{c}=\frac{55.26}{c} \tag{2.58}$$

とおいて，以下の**セイビンの残響式**を得る。

$$T=\frac{KV}{A}=\frac{KV}{S\bar{\alpha}} \tag{2.59}$$

K は次式で与えられる音速 c〔m/s〕に依存し，音速は気温 θ〔℃〕で変化する。

$$c=331.5\sqrt{1+\frac{\theta}{273}}\approx 331.5+0.61\theta \tag{2.60}$$

よって，K の値は気温によって変化し，気温 18～21℃の範囲では $K\fallingdotseq 0.161$ となる。

2.4.4　アイリングの残響式

平均吸音率が1の場合は完全吸音であるから，残響時間 T は0となるはずであるが，式 (2.59) のセイビンの残響式では $A=S$ となって T はゼロにならない。アイリング[4)]はこれを解決する残響式を確立した。セイビンが音のエネルギー減衰が連続的に起きると考えたのに対して，アイリングは音のエネルギーが周壁に衝突するごとに吸収され，段階的に減衰すると考えた。

音のエネルギーを粒子に置き換えるとわかりやすい。音源から放射された音粒子が壁で反射して，つぎに反射するまでの伝搬距離を**自由行程**（free path）という。1つの粒子の伝搬を追跡していくとき，反射と反射の間隔が短い場合もあれば，長い場合もある。1つの粒子について，長時間にわたる多数の自由行程について平均すれば**平均自由行程**（mean free path）が得られる。拡散音場の定常状態は，無数の粒子が音場内をあらゆる方向に伝搬していることで模擬できる。この場合，ある瞬間に時間を固定して多数の粒子の自由行程を平均することでも平均自由行程は求められる。つまり，拡散音場では自由行程の**時間平均**（time average）と**アンサンブル平均**（ensemble average）は同じ結果となる。

室の平均自由行程を μ〔m〕とすれば，音波の反射から反射までの平均時間間隔は μ/c〔s〕となる。室内に出力 W〔W〕の音源があるとき，μ/c の間に供給されるエネルギーは $W\mu/c$ である。このエネルギーは μ/c 秒後には壁に吸音されて $W(\mu/c)(1-\overline{\alpha})$ に減少し，n 回反射した後には $W(\mu/c)(1-\overline{\alpha})^n$ となる。定常状態においては，反射回数 0 から ∞ までのすべての反射回数のエネルギーが混在している状態であるから，室内の音響エネルギー密度 E_0 は

$$E_0=\frac{W}{V}\frac{\mu}{c}\left[1+\sum_{n=1}^{\infty}(1-\overline{\alpha})^n\right]=\frac{W\mu}{Vc\overline{\alpha}} \tag{2.61}$$

のようになる。これが式（2.53）と等しいとおくと

$$\frac{4W}{cS\overline{\alpha}}=\frac{W\mu}{Vc\overline{\alpha}} \tag{2.62}$$

となり，平均自由行程は以下のようになる。

$$\mu=\frac{4V}{S} \tag{2.63}$$

これによれば，拡散音場では平均自由行程は V と S だけで決まり，室形状には関係しない。

拡散音場における音波の単位時間当りの平均反射回数 N は，$N=c/\mu$ であり，t 秒後の反射回数は $Nt=ct/\mu$ となる。定常状態において音源を停止した後の室内音響エネルギー密度の時間変化 $E(t)$ は

$$\begin{aligned} E(t)&=E_0(1-\overline{\alpha})^{Nt}=E_0(1-\overline{\alpha})^{\frac{c}{\mu}t}=E_0(1-\overline{\alpha})^{\frac{cS}{4V}t}\\ &=E_0\exp\left[\frac{cS\ln(1-\overline{\alpha})}{4V}t\right] \end{aligned} \tag{2.64}$$

となり，これがアイリングによる残響減衰を表す式である。反射回数 n によ

る不連続な減衰過程を，単位時間当りの平均反射回数 N と時間 t によって，t 秒後までの反射回数の期待値 Nt に換算した結果，連続的な減衰として表現したものとなっている。

ここで，2.4.3 項と同様に

$$10^{-6}=\exp\left[\frac{cS\ln(1-\overline{\alpha})}{4V}T\right] \tag{2.65}$$

とおいて，両辺の対数をとって T について解けば次式が得られる。

$$T=-\frac{24\ln 10\cdot V}{cS\ln(1-\overline{\alpha})} \tag{2.66}$$

式 (2.58) の K を用いれば

$$T=-\frac{KV}{S\ln(1-\overline{\alpha})} \tag{2.67}$$

として**アイリングの残響式**が得られる。平均吸音率が $\overline{\alpha}\to 1$ で完全吸音に近づくと，$-\ln(1-\overline{\alpha})\to\infty$ で $T\to 0$ となり，セイビンの残響式にあった矛盾が解消されている。ここで，$-\ln(1-\overline{\alpha})$ をテイラー展開すると以下のようになる。

$$-\ln(1-\overline{\alpha})=\overline{\alpha}+\frac{\overline{\alpha}^2}{2}+\frac{\overline{\alpha}^3}{3}+\cdots \tag{2.68}$$

$\overline{\alpha}\ll 1$ のとき，右辺の第 2 項以降は無視できるので，式 (2.67) の分母は

$$-S\ln(1-\overline{\alpha})=S\overline{\alpha} \tag{2.69}$$

となり，式 (2.59) のセイビンの残響式に一致する。

2.4.5　空気吸収を考慮した残響式

音が空気中を伝搬するとき，そのエネルギーが媒質空気に吸収されて減衰する。音の強さ I_0 の平面波が距離 x〔m〕進んだときの音の強さ I は

$$I=I_0\,e^{-mx} \tag{2.70}$$

となる。ここで，m は**空気吸収**（air absorption）による 1 m 当りの減衰率で，周波数，気温や湿度によって異なる[5),6)]。20 ℃の場合の空気吸収による減衰率を**図 2.11** に示す。1 kHz 以下では非常に小さいので無視してよい。ここで，x を t 秒間に音が伝搬した距離 ct に置き換え，式 (2.64) のアイリングの残響減

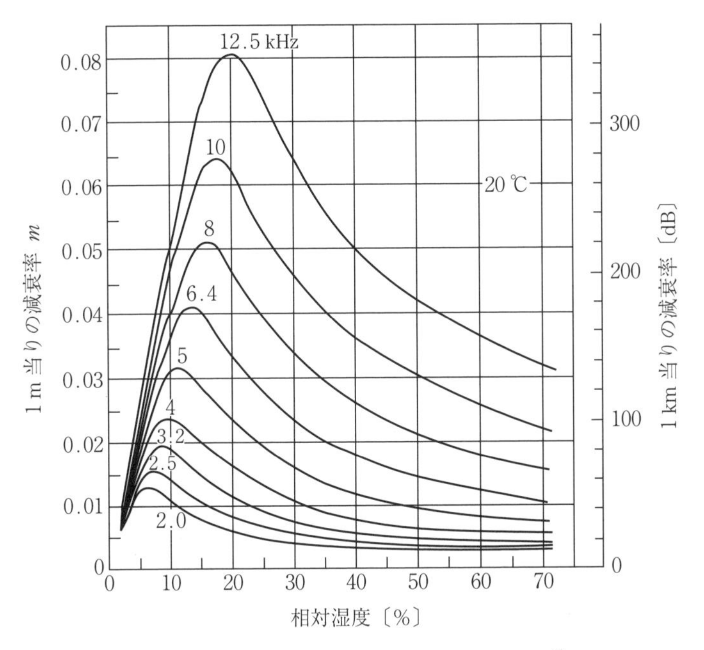

図 2.11　20℃の場合の空気吸収による減衰率[6)]

衰の式に空気吸収の影響を加えると

$$E(t)=E_0 \exp\left\{\left[\frac{S\ln(1-\bar{\alpha})}{4V}-m\right]ct\right\} \tag{2.71}$$

となる。これをもとに，2.4.4 項と同様な手続きで残響式を導くと

$$T=\frac{KV}{-S\ln(1-\bar{\alpha})+4mV} \tag{2.72}$$

として**アイリング-ヌートセンの残響式**[7)]が得られる。分母にある $4mV$ は，室容積 V が大きいほど空気吸収が残響時間に与える影響が顕著になることを表している。式 (2.71) をみればわかるように，空気吸収のエネルギー減衰に及ぼす影響は室容積によらない。しかし，室が大きいほど平均自由行程が大きくなって音波が壁に当たる頻度が減るため，周壁吸音に対する空気吸収の影響度が相対的に増すのである。

2.4.6 拡散音場の残響理論の適用限界

拡散音場を仮定した残響理論では，室内音響エネルギー密度が**指数減衰**（exponential decay）する。式（2.71）の両辺を E_0 で割って基準化し，dB スケールに変換して残響レベル $L_r(t)$ の時間変化をみれば

$$L_r(t)=10\log_{10}\frac{E(t)}{E_0}=10\log_{10}e\times\left[\frac{S\ln(1-\bar{\alpha})}{4V}-m\right]ct \tag{2.73}$$

のようになり

$$10\log_{10}e\times\left[\frac{S\ln(1-\bar{\alpha})}{4V}-m\right]c$$

を傾きとした直線となることがわかる。この傾きはつねにマイナスなので，拡散音場の残響は dB スケールでみれば右肩下がりの直線となる。

実際の空間で**残響減衰曲線**（reverberation decay curve）を測定すると，拡散音場に近い音場ではほぼ直線的な減衰となる。しかし，拡散音場の仮定が満足されない場合には直線にならず，残響時間そのものを規定しにくいものとなる。このような非直線的な減衰は，吸音の配置に偏りがあるような場合にみられる。例えば，天井や床が吸音性で壁が反射性の場合，上下方向で反射を繰り返す音波は早く減衰するが，水平方向で反射を繰り返す音波はそれに比べなかなか減衰せず残るため，残響減衰曲線は**図 2.12** のように直線にならず，折れ

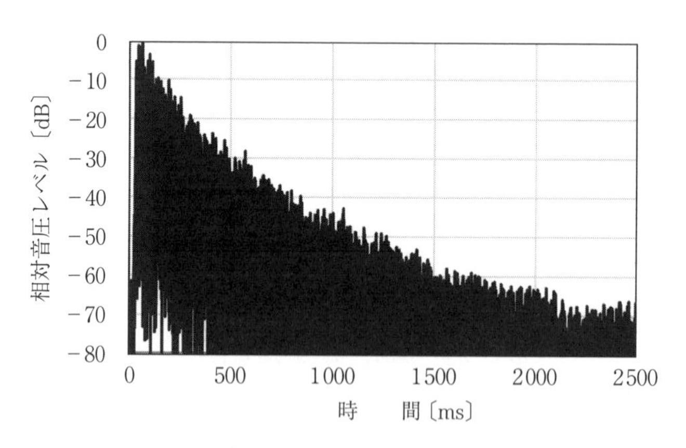

図 2.12 直線とはならない残響減衰曲線の測定例
（500 Hz オクターブ帯域）

曲がりのある減衰や湾曲した減衰となる。このような曲線から残響時間の定義どおりに 60 dB 減衰する時間を読み取ると，残響公式から計算されるよりはるかに長い残響時間となる。このような現象は，細長いトンネルや廊下，天井の低い広い部屋，あるいは吸音率の極端に異なる 2 つの空間が繋がっている場合などにもみられる。これらの非直線的な減衰は，室内で反射を繰り返す方向によって音波の減衰率が大きく異なる場合，つまり音場が 1 つの空間として拡散していないときに生じる。このような場合は，これまで述べた残響公式による計算は役に立たず，実空間の残響を測定して 1 つの残響時間で表すことも意味をなさなくなる。

2.4.7　その他の残響理論

ここまで述べた残響理論は，拡散音場の仮定によって明快な理論となっており，今後も室内音響設計を支える基礎であり続けるであろう。一方，拡散音場は現実にはあり得ないため，この仮定からのずれによってつねに誤差を伴うことも意識すべきである。拡散音場の仮定を前提としない非拡散音場の残響理論を構築する試みがいくつかなされている。これらの理論はまだ確立されておらず，検証も十分されているとは言い難いため音響設計に用いるには注意が必要である。しかし，理論の考え方を知ることは，非拡散音場における残響現象の理解を深めるのに役立つと考えられる。本項ではそれらの取組みについて簡単に触れておく。

〔1〕　**方向別残響時間**　1959 年に Fitzroy[8] は，直方体室の残響を 3 方向の残響時間に分けて計算し，最終的に各面積で重み付けして残響時間を計算する式 (2.74) を提案した。

$$T=\frac{S_x}{S}\left[\frac{KV}{-S\ln(1-\overline{\alpha_x})}\right]+\frac{S_y}{S}\left[\frac{KV}{-S\ln(1-\overline{\alpha_y})}\right]+\frac{S_z}{S}\left[\frac{KV}{-S\ln(1-\overline{\alpha_z})}\right] \tag{2.74}$$

ここで，S_x，S_y，S_z と $\overline{\alpha_x}$，$\overline{\alpha_y}$，$\overline{\alpha_z}$ は，それぞれ x, y, z 方向に直交した対向 2 壁面の面積と平均吸音率である。同様な取組みとして，1988 年に Arau[9] は 3

方向の残響時間をもとにするが，次式のように面積で重み付けした幾何平均によって最終的な残響時間とした。

$$T=\left[\frac{KV}{-S\ln(1-\overline{\alpha_x})}\right]^{S_x/S}\cdot\left[\frac{KV}{-S\ln(1-\overline{\alpha_y})}\right]^{S_y/S}\cdot\left[\frac{KV}{-S\ln(1-\overline{\alpha_z})}\right]^{S_z/S} \tag{2.75}$$

これらは，吸音の偏りによって方向別に音波の減衰率が異なることを考慮したものである。方向別の残響時間は概念的なもので，実際の測定は困難であり，折れ曲がりや湾曲の生じる音場の残響を最終的に1つの残響時間で評価するのは無理がある。方向別に異なる残響に着目したという点で参考になるであろう。

〔2〕 **軸波，接線波，斜め波の残響**　　2.2.3項で記したように，室内を伝搬する音波は，軸波，接線波，斜め波に分けられる。それぞれの残響を考え，1つの残響時間ではなく，非直線となる減衰曲線そのものを算出するアプローチがある。

1977年に平田[10),11)]は，直方体室の残響を x,y,z 軸のそれぞれと平行に進行する3つの軸波，x,y,z 軸のそれぞれに垂直に進行する3つの接線波，そして斜め波の合計7つの指数減衰に分けて，それぞれの減衰曲線を求め，最終的に足し合わせることでトータルな減衰曲線とする方法を提案した。1981年にTohyamaら[12),13)]も同様のアプローチで減衰曲線を求め，それをもとにある1方向だけ（例えば天井）の吸音が大きい2次元的音場（接線波）に適用できる2次元的残響時間を提案した。

$$T_2\cong\frac{0.128\,V}{-S_2\ln(1-\overline{\alpha_2})} \tag{2.76}$$

ここで，S_2 は側壁の合計面積である。$\overline{\alpha_2}$ は実質的な側壁の平均吸音率で，周波数に応じて床と天井の吸音も考慮したものである。少し複雑なので説明は省くが，詳細は章末の文献12)，13）を参照されたい。高音域では単に側壁の平均吸音率を用いても近似できる。

対象音場がこれら理論の適用範囲に合致すれば，何らかの有用な結果が得られるであろう。いずれにしても，直方体室の固有振動にも対応する7成分に分けて考えるアプローチは，音場を理解するうえで参考となるであろう。ちなみに，拡散音場では音波があらゆる方向に伝搬しているため，セイビンやアイリングらの残響理論は斜め波の残響に相当すると考えられる。

〔3〕 **減衰率分布の偏りを考慮した残響減衰**[14]　音場の残響は，周波数帯域ごとに計算や測定して検討する場合がほとんどである。一般にその帯域の残響は，帯域内の平均的な減衰定数によって指数減衰する。しかし，帯域内の個々の固有振動の減衰定数が著しく異なると，減衰はdBスケールで直線とはならず湾曲する。また，伝搬方向が異なる音波の個々の減衰定数が著しく異なる場合も同様に湾曲する。多数の指数減衰の減衰定数の確率密度分布を$Q(\gamma)$とし，これを考慮すると残響減衰は以下のように表現できる。

$$E_t = \int_0^\infty Q(\gamma)\exp(-2\gamma t)d\gamma \tag{2.77}$$

確率密度分布$Q(\gamma)$がその平均値付近に集中して分布していればdBスケールで直線減衰し，そうでなければ湾曲する。$Q(\gamma)$の分布によって湾曲度合いが異なる。このアプローチは数学的に明快であるが，実際には減衰定数の確率密度分布を求めることが難しいため音響設計に用いることは困難である。しかし，これによって数学的にも概念的にも残響減衰が湾曲する根拠がわかり，残響減衰に対する理解を深めることができる。

〔4〕 **べき乗則減衰を含む残響理論**[15)~17)]　直方体室の1つの壁面を完全吸音，その他を完全反射としたときの音響エネルギー減衰$E(t)$は指数減衰ではなく，以下のように時間tに反比例する**べき乗則減衰**（power law decay）となることが示されている。

$$E(t) \propto \frac{4\pi l}{ct} \qquad \left(t \geqq \frac{l}{c}\right) \tag{2.78}$$

ここで，lは吸音面とそれに対向する面との距離である。図2.12の残響減衰の湾曲はべき乗則減衰の影響と考えることもできる。このような極端に吸音が偏った条件でなくても，壁面の凹凸がなく吸音面の空間分布が偏るような直方体室では，べき乗則減衰を示すとした残響減衰モデルが提案されている。このようなべき乗則減衰は，家具などが少なく音が拡散しにくい直方体室などで生じやすい。

2.5　音 圧 分 布

室内音場の顕著な特徴は，2.4 節で述べた残響が生じることに加え，反射音の効果により音の強さが自由空間と比べて大きくなることである。本節では拡散音場を仮定した場合の室内の音圧分布について述べる。

2.5.1　室内平均音圧レベル

拡散音場における音圧 p は，粒子速度 v，媒質空気の特性インピーダンス ρc を用いると式 (1.12) より $p=v\rho c$ である。音の強さ I は式 (1.14) から $I=pv$ であるから $I=p^2/(\rho c)$ となり，これを式 (2.41) に代入すると音響エネルギー密度 E と音圧 p の関係は

$$p^2=\rho c^2 E \tag{2.79}$$

となる。拡散音場における定常状態の音響エネルギー密度 E_0 は式 (2.53) から $E_0=4\,W/(cA)$ であるから，これを式 (2.79) に代入して式 (1.18) によって室内の**平均音圧レベル**（average sound pressure level）L_p を求めると

$$\begin{aligned} L_p &= 10\log_{10}\frac{\rho c^2 E_0}{{p_0}^2} = 10\log_{10}\frac{4\,\rho c W}{{p_0}^2 A} \\ &= 10\log_{10}\frac{W}{A} + 126 \text{ [dB]} \end{aligned} \tag{2.80}$$

となる。**音響出力**（acoustic power）をパワーレベル L_W で表すと

$$L_p = L_W + 10\log_{10}\frac{4}{A} \text{ [dB]} \tag{2.81}$$

となる。以上のように，拡散音場における室内の平均音圧レベルは音響出力 W と等価吸音面積 A によって決まる。

2.5.2 音圧分布

拡散音場における定常状態の音響エネルギー密度 E_0 は，式 (2.53) で与えられるが，これは直接音と反射音を含んだ室内の全平均である。しかし，実際には音源に近い点の密度が大きく，遠い点は小さいと考えられる。したがって，室内の音圧分布については，直接音と反射音の影響をそれぞれ別に考え，最終的にそれらを合成すればよい。

音源の**指向係数**（directivity factor）を Q，音源から受音点までの距離を r とすれば，直接音によるエネルギー密度 E_D は以下のようになる。

$$E_D = \frac{QW}{4\pi r^2 c} \tag{2.82}$$

指向係数 Q は**図 2.13** に示すように，音源が全指向性のときの音の強さ I_o に対する指向性音源のある方向の音の強さ I_d の比率 I_d/I_o である。**全指向性音源**（omnidirectional sound source）では $Q=1$ となり，指向性が鋭いほど大きな値となる。

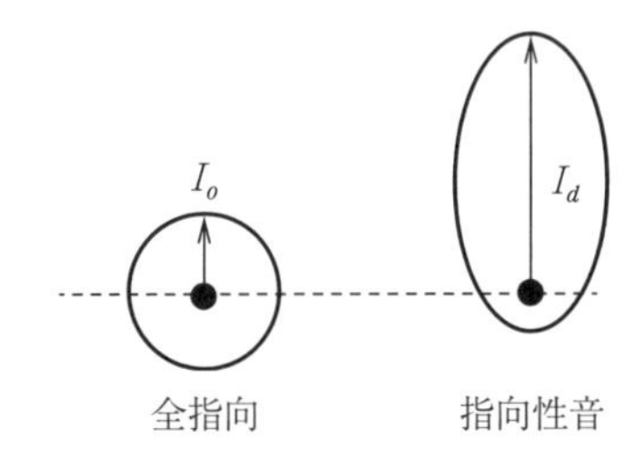

図 2.13　音源の指向係数

反射音による音響エネルギー密度を E_R とすると，単位時間に全壁面に吸音されるエネルギーは式 (2.46) から $(cE_R/4)S\overline{\alpha}$ である。一方，単位時間に供給される反射音のエネルギーは，音源から出て周壁に 1 回反射したものであるから $W(1-\overline{\alpha})$ である。両者が等しいとおくと，E_R は以下のように表せる。

$$E_R = \frac{4W(1-\overline{\alpha})}{cS\overline{\alpha}} = \frac{4W}{cR} \tag{2.83}$$

ここで，R は**室定数**（room constant）と呼ばれ，以下のように定義される。

$$R = \frac{S\overline{\alpha}}{(1-\overline{\alpha})} \tag{2.84}$$

室定数 R は室の吸音の程度を表し，R が大きいほど反射音の影響が小さくなる。

よって，直接音と反射音の影響を分離して考慮した定常状態のエネルギー密度 E_0 は

$$E_0 = E_D + E_R = \frac{W}{c}\left(\frac{Q}{4\pi r^2} + \frac{4}{R}\right) \tag{2.85}$$

となる。2.5.1 項と同様に音響出力をパワーレベル L_W で表すと，音源からの距離が r〔m〕の点の音圧レベル L_r は以下のようになる。

$$L_r = L_W + 10\log_{10}\left(\frac{Q}{4\pi r^2} + \frac{4}{R}\right) \tag{2.86}$$

直接音レベル L_D，反射音レベル L_R は以下のように別々に計算できる。

$$L_D = L_W + 10\log_{10}\frac{Q}{4\pi r^2} \tag{2.87}$$

$$L_R = L_W + 10\log_{10}\frac{4}{R} \tag{2.88}$$

L_D と L_R のエネルギー合成レベルが L_r となる。ここで，直接音エネルギーと反射音エネルギーが等しい（$E_D = E_R$）距離を**臨界距離**（critical distance）r_c と呼び，以下で表せる。

$$r_c = \frac{1}{4}\sqrt{\frac{QR}{\pi}} \tag{2.89}$$

図 2.14 は室内における音圧分布の概念図である。横軸が距離 r の対数になっ

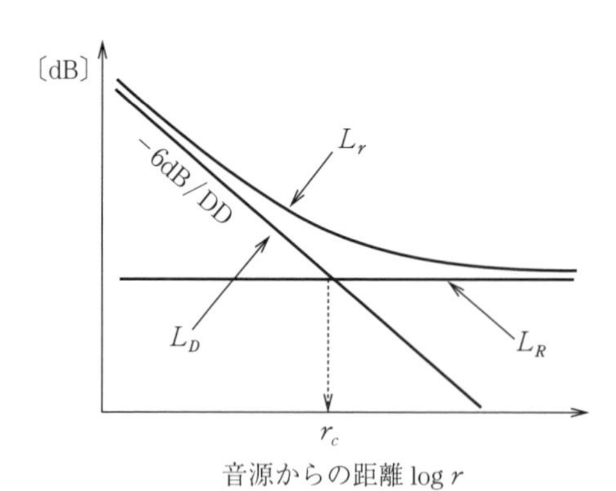

図 2.14　室内における音圧分布の概念図

ており，DD は距離が倍になることを表している。直接音レベルは距離 r が倍になると 6 dB 減衰するが，反射音レベルは距離によらず一定となる。実際に観測される音圧レベル L_r はそのエネルギー合成レベルとなる。r_c より音源に近づくと直接音が優勢，r_c より遠ざかると反射音が優勢となる。そのため，臨界距離は音が明瞭に届く範囲などの目安として用いられることがある。臨界距離は音源のパワーレベルによって変化せず，音源の指向性が鋭いほど，また，室の吸音性が高いほど大きくなり，音が明瞭に届く距離が長くなる。

図 2.15 は，$Q=1$ のときの室定数 R による室内における音圧分布の違いである。R が小さくなるほど反射音エネルギーが増すので，音圧レベルが上昇するとともに，音源に近いエリアから距離によらず一定の音圧レベルとなる。$R\to\infty$ で直接音の影響が顕著となり自由空間に近づく。

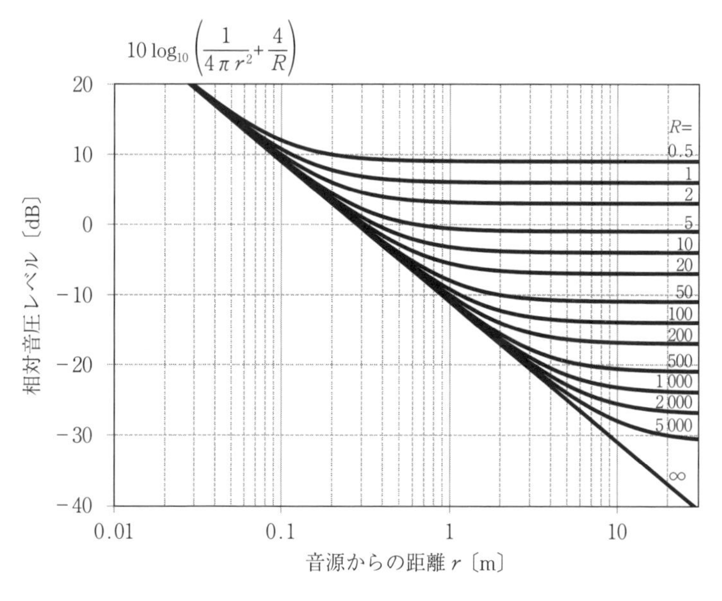

図 2.15　室内における音圧分布

2.5.3　Barron の修正理論による音圧分布

式 (2.83) によれば，反射音だけの音響エネルギー密度 E_R は式 (2.53) の定常状態のエネルギー密度 $4W/(cA)$ に $(1-\overline{\alpha})$ を掛ける形になっており，音源からの距離によらず一定である。すべての受音点において，直接音が到達するより前に反射音は到達しないはずである。Barron[18),19)]はこれを考慮し，受音点において，直接音到達後の反射音エネルギーだけを考慮する反射音の音響エネルギー密度を計算する方法を提案した。音源と受音点間の距離が長くなるほど直接音到達が遅れ，その間に生じた反射音は受音点に到達しないことになるため，受音点に寄与する反射音エネルギーは減少する。

このような考えをもとにした反射音のエネルギー密度 E_R は，つぎのように表される。

$$E_R=\frac{4W}{cA}\left[\exp\left(-\frac{6\ln 10}{T}\frac{r}{c}\right)\right]=\frac{4W}{cA}\left[\exp\left(-\frac{13.82}{T}\frac{r}{c}\right)\right] \tag{2.90}$$

ここで，r〔m〕は音源と受音点間距離，T は残響時間で，セイビンもしくはアイリングの残響式によって計算する。E_R は音源からの距離 r が大きくなるに従って減衰する。直接音によるエネルギー密度は式 (2.13) で表せるので，定常状態のエネルギー密度 E_0 は

$$E_0=E_D+E_R=\frac{W}{c}\left[\frac{Q}{4\pi r^2}+\frac{4}{A}\exp\left(-\frac{13.82}{T}\frac{r}{c}\right)\right] \tag{2.91}$$

となる。音響出力をパワーレベル L_W で表すと，音源からの距離が r〔m〕の点の音圧レベル L_r は以下のようになる。

$$L_r=L_W+10\log_{10}\left[\frac{Q}{4\pi r^2}+\frac{4}{A}\exp\left(-\frac{13.82}{T}\frac{r}{c}\right)\right] \tag{2.92}$$

直接音レベル L_D（direct sound level）は式 (2.87) により，また，音源からの距離が r〔m〕の点における**反射音レベル** L_R（reflected sound level）は次式により計算できる。

$$L_R=L_W+10\log_{10}\left[\frac{4}{A}\exp\left(-\frac{13.82}{T}\frac{r}{c}\right)\right] \tag{2.93}$$

式 (2.90) の反射音エネルギー密度 E_R は，**初期反射音**（early reflected sound）と**後期反射音**（late-arriving reflected sound）に分けることができる。初期と後期の時間境界を直接音到達後 te〔s〕とすると，初期反射音のエネルギー密度 E_E と後期反射音のエネルギー密度 E_L は，それぞれ以下のように表

せる。

$$E_E=\frac{4W}{cA}\left\{\exp\left(-\frac{13.82}{T}\frac{r}{c}\right)\left[1-\exp\left(-\frac{13.82}{T}te\right)\right]\right\} \tag{2.94}$$

$$E_L=\frac{4W}{cA}\left\{\exp\left[-\frac{13.82}{T}\left(\frac{r}{c}+te\right)\right]\right\} \tag{2.95}$$

音圧レベルで表記すると，初期反射音レベル L_E，後期反射音レベル L_L はそれぞれ以下のようになる。

$$L_E=L_W+10\log_{10}\left\{\frac{4}{A}\exp\left(-\frac{13.82}{T}\frac{r}{c}\right)\left[1-\exp\left(-\frac{13.82}{T}te\right)\right]\right\} \tag{2.96}$$

$$L_L=L_W+10\log_{10}\left\{\frac{4}{A}\exp\left[-\frac{13.82}{T}\left(\frac{r}{c}+te\right)\right]\right\} \tag{2.97}$$

L_E と L_L のエネルギー合成レベルが式 (2.93) の反射音レベル L_R となる。なお，Barron は音源から 10 m 点の直接音レベルが 0 dB となるように $L_W=10\log_{10}(4\pi\times10^2)\cong31$ dB，$Q=1$ とした式を用いている。これは，室内音場の音圧分布に関する **Barron の修正理論**（Barron's revised theory）と呼ばれている。

図 2.16 は $V=20\,000\ \mathrm{m}^3$，$T=2$ s，$Q=1$，$te=0.08$ s，$L_W=31$ dB としたと

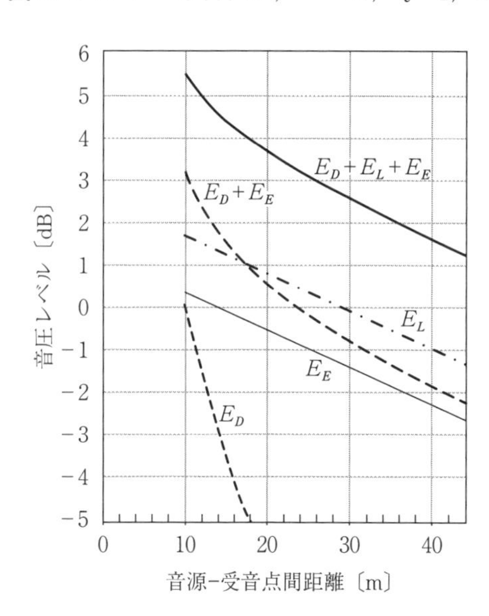

図 2.16　Barron の修正理論による室内音圧分布[18]

きの音源-受音点間距離による音圧レベルである。なお，セイビンの残響式を用い $A=1\,610\,\mathrm{m}^2$ として計算した。従来理論では距離によらず一定となっていた反射音レベルが，音源-受音点間距離が長くなるに従って減衰しているのがわかる。初期と後期の時間区切りを $te=0.08\,\mathrm{s}$（80 ms）とすれば $C_{80}=10\log_{10}[(E_D+E_E)/E_L]$ として明瞭性の指標 C_{80}（2.7 節参照）も算出可能である。

以上に述べた Barron の修正理論による計算結果は，比較的大規模なコンサートホールにおける音圧分布の実測結果とよい対応を示すことが報告されている。

2.6 室内音場の測定

室内音場を測定して評価するための室内音響指標の定義と測定法が，国際規格 ISO3382-1[20] として整理されている。本節では残響時間を中心に各種指標を算出するための測定法について述べる。

2.6.1 残響減衰曲線

室内音響を評価するうえで最も基本的で重要な指標は残響時間である。2.4.1 項における図 2.10 は，定常状態において音源を停止した後の室内音響エネルギー密度の減衰を表しており，これを残響減衰曲線という。残響時間はこの残響減衰曲線から読み取る。実際に測定できる残響減衰曲線は，音源を停止した後の各受音点での音圧レベルの減衰である。残響時間は室内の平均音圧レベルが 60 dB 減衰するまでの時間である。したがって，室内の複数の受音点における残響減衰曲線から残響時間を読み取り，空間平均して室の残響時間とする。実際には残響減衰曲線の -5 ～ -35 dB の 30 dB レンジで傾きを評価し，60 dB 減衰する時間に換算して求める。その場合の残響時間を T_{30} と表記する。**暗騒音**（background noise）レベルが大きく，やむを得ず十分な **SN 比**（signal-to-noise ratio, **信号対雑音比**）が確保できなかった場合には -5 ～ -25

dB で評価し，60 dB 減衰時間に換算して T_{20} と表記する。

残響減衰曲線から室内音場の残響時間を測定する方法には，後述する**ノイズ断続法**（interrupted noise method）と**インパルス応答積分法**（integrated impulse response method）がある。

2.6.2 測定方法

〔1〕 **測定時の室条件**　コンサートホールや講堂などにおける聴衆や演奏者は室内音場に影響するので，測定時に聴衆や演奏者が存在するか否かは重要である。ISO3382 では，これに関して以下の 3 種の状態が定義されており，測定結果に付記すべきとしている。

① 空席状態（unoccupied state）：演奏者，講演者，聴衆が存在しない状態。コンサートホールの場合は，可能であればステージ上に演奏者の椅子や譜面台，打楽器群が存在していることが望ましい。

② スタジオ状態（studio state）：演奏者や講演者のみ存在し，聴衆がいない状態。リハーサルなどを想定しており，普段どおりの数の技術者がいてもよい。

③ 満席状態（occupied state）：演奏者や講演者に加え，聴衆が客席の 80 %以上を占めている状態。

上記 3 状態以外でも，例えば客席の 50％に着席した状態など，測定の目的によって定義することも可能である。また，カーテンや幕，電気的な残響可変システムなどの設備がある場合には，それがどのような状態であったかも記録する。室内の温度，湿度もそれぞれ ±1℃，±5％の精度で記録する。

〔2〕 **測定に用いる音源**　室内音響の測定に用いる音源は，できるだけ全指向性に近いものを使用する。一般には**図 2.17** に示すような **12 面体スピーカ**（dodecahedral loudspeaker）を用いることが多い。スピーカの指向性は，帯域制限したピンクノイズを用い，自由空間においてターンテーブルでスピーカを回転させ，スピーカから 1.5 m 以上離れた点で音圧レベルを測定することで得られる。ピンクノイズはパワースペクトル密度が周波数に反比例し，1 オク

図 2.17　12 面体スピーカ

ターブ帯域あるいは 1/3 オクターブ帯域のパワーが一定となる雑音である。ターンテーブルが使用できない場合は 5° ごとに音圧レベルを測定する。**表 2.1** に，30° の円弧で移動平均したスピーカ指向性の最大許容偏差を示す。偏差を求める際のリファレンス値は 360° のエネルギー平均値を用いる。

表 2.1　30° の円弧で移動平均したスピーカ指向性の最大許容偏差

周波数帯域〔Hz〕	125	250	500	1 000	2 000	4 000
最大許容偏差〔dB〕	±1	±1	±1	±3	±5	±6

スピーカの再生周波数特性としては，残響時間の測定には各帯域内でほぼ平たんであればよいが，インパルス応答測定には 125 Hz ～ 4 kHz オクターブ全域においてほぼフラットな特性を持つことが望ましい。音源の再生レベルは，暗騒音に対して各周波数帯域で少なくとも 45 dB の SN 比を確保できるように設定する。

〔3〕 **マイクロホン**　　測定に用いるマイクロホンは全指向性でダイアフラムの直径が 13 mm 以下のものが望ましい。通常 1/2 インチマイクもしくは 1/4 インチマイクロホンが用いられる。なお，**側方エネルギー率**（lateral energy fraction），**両耳間相関度**（interaural cross correlation coefficient）を測定する

には，それぞれ**両指向性マイクロホン**（bidirectional microphone），**ダミーヘッドマイクロホン**（dummy head microphone）が用いられる。側方エネルギー率，両耳間相関度の詳細については2.7.4項で述べる。

〔4〕 **音源位置** 残響時間の測定には，音源位置を室の通常使用で代表的と考えられる2点以上設けるのが望ましい。コンサートホールなどで音響指標値を測定する際には，ステージ上少なくとも3点以上の音源位置を設定するのが望ましい。小さな講義室などは，通常の話者位置の1点だけとすることもできる。スピーカの高さはその音響中心が床から1.5mとなるように設置する。また，2.7節で述べる，残響時間以外の音響指標を測定する際に，スピーカの指向特性が表2.1の最大許容偏差に近く無視できない場合では，スピーカを少なくとも3段階に回転させて異なる向きで測定し，得られた指標値を各受音点において算術平均する。

〔5〕 **受音点位置** 受音点位置については，聴衆エリアを代表する複数点とする。残響時間は空間平均するため，空間の全体に分布するように配置する。また残響時間以外の音響指標については，空間内の変動を系統的に調べることができるように，やはり受音点を全体に分布させる。具体的な受音点数としては，空間の大きさに応じて少なくとも6～10点配置する。1つの目安としては，500席規模のホールでは6点以上，1 000席では8点以上，2 000席では10点以上となる。ホールのバルコニー下，教会における身廊，祭壇など主空間と空間が不連続となっている場合には，残響時間が局所的に変化する場合もあるので，これらの場所にも受音点を配置する。左右対称のコンサートホールなどでは，受音点配置を客席の左右どちらか片側だけに配置してもよい。その場合，音源はステージセンターに1点とそれに加えて対称軸から等距離に左右対称に複数配置する。

受音点は，互いに測定対象周波数の音波の1/2波長以上，最も近い反射面から1/4波長以上離す必要がある。これは通常の周波数範囲でそれぞれおよそ2mおよび1mとなる。また残響時間の測定には，直接音の強すぎる影響を避けるために，音源近傍に受音点を設定すべきでない。受音点の高さは聴衆の耳の高さに相当する 1.2 m とする。

〔6〕 **周波数分析**　　測定する周波数範囲は，少なくとも 125 ～ 4 000 Hz のオクターブ帯域，もしくは 100 ～ 5 000 Hz の 1/3 オクターブ帯域を含むものとする。

2.6.3 ノイズ断続法

ここでは，残響時間の測定法としてノイズ断続法について概説する。

〔1〕 **音源信号**　　広帯域ノイズもしくは M 系列信号などの擬似ランダムノイズをスピーカから発生し，音場が定常状態になるまで音を継続した後に停止させ，各受音点における音圧レベルの減衰を測定する。音場が定常状態になるのに要する時間は残響時間の半分程度なので，それ以上音源を継続させてから停止する。また，周期性のあるノイズを用いる場合には，ランダムな継続時間で信号を停止する必要がある。

各周波数帯域の暗騒音レベルに対して，T_{20} を求めるには SN 比が 35 dB，T_{30} を求めるには SN 比が 45 dB 以上必要なので，それを満たすように音源の再生レベルを設定する。音源のスペクトルは，各周波数帯域（1 オクターブまたは 1/3 オクターブ）内でほぼ平たんである必要がある。

〔2〕 **残響時間の読み取りと結果の平均方法**　　ノイズ断続法によって得られる残響減衰曲線において，定常状態の音圧レベルに対して −5 ～ −35 dB の減衰範囲における傾き，すなわち減衰率 d〔dB/s〕を求め，$T_{30}=60/d$ として残響時間を算出する。T_{20} の場合，減衰率 d の評価区間は −5 ～ −25 dB である。

ノイズ断続法で得られる減衰曲線は，ノイズ信号自体のランダムさに由来する確率的な現象となるため，受音点ごとに多数回測定し，それを平均して残響時間を求める必要がある。平均方法には，① それぞれの減衰曲線から残響時間を読み取って平均する方法と，② 2 乗音圧の減衰曲線をアンサンブル平均した減衰曲線から残響時間を読み取る方法，の 2 つがある。

〔3〕 **測定の不確かさと測定回数**　各減衰曲線から得られる残響時間を平均することと，減衰曲線を平均して残響時間を求めることはほぼ同じ結果をもたらし，測定回数や測定周波数帯域などに応じた不確かさを持つ。

ノイズ断続法における**測定の不確かさ**（measurement uncertainty）は，測定結果の標準偏差 σ で表すことができ，T_{20} と T_{30} に対してそれぞれ以下のようになる。

$$\sigma(T_{20})=0.88\,T_{20}\sqrt{\frac{1+1.90/n}{NBT_{20}}} \tag{2.98}$$

$$\sigma(T_{30})=0.55\,T_{30}\sqrt{\frac{1+1.52/n}{NBT_{30}}} \tag{2.99}$$

ここで，B はバンド幅〔Hz〕，n は各受音点において測定した減衰曲線数，N は音源位置と受音点数の組合せ数（音源位置の数×受音点数）である。上式をみると，バンド幅 B が小さい低音域ほど不確かさが大きく，N の平方根に反比例して不確かさが減少することがわかる。中心周波数を f_c とすると1オクターブ帯域の場合 $B=0.71\,f_c$，1/3オクターブ帯域の場合 $B=0.23\,f_c$ となるので，1/3オクターブ測定に比べ1オクターブ測定の不確かさが小さくなる。

各受音点での測定回数 n は，周波数帯域ごとに少なくとも3回とし，低音域では測定値の偏差が大きくなる傾向にあるので5回以上に増やすことが望ましい。測定結果の不確かさを式(2.98)や式(2.99)によって評価し，偏差が大きい場合には測定回数をさらに増やす必要がある。

残響時間が非常に短い空間においては，帯域フィルタやレベルレコーダによる減衰曲線の平滑化の影響が無視できなくなり，誤差要因となりえる。バンド幅 B〔Hz〕と測定した残響時間 T〔s〕，平滑化時定数に起因する残響時間 T_{det}〔s〕と残響時間 T は以下の関係を満たす必要がある。

$$BT>16 \tag{2.100}$$

$$T>2\,T_{\mathrm{det}} \tag{2.101}$$

これを満足しない場合には，測定結果の信頼性は低いと判断される。バンド幅が小さくなる低音域で特に注意を要する。

2.6.4　インパルス応答積分法

シュレーダー[21)]の理論に基づいて室のインパルス応答から残響減衰曲線を求め，その傾きから残響時間を求めるインパルス応答積分法について概説する。

〔1〕 **インパルス応答の測定**　インパルス応答の測定には，音源にインパルス音（ピストル発火音，風船の破裂音などの衝撃音）を用いてそれを直接録音する方法もあるが，すべての帯域においてSN比を確保することは困難である。一般にはSN比を大きく改善できるMLS法，swept sine法などディジタル信号処理を駆使した測定法が用いられる。さらにSN比を改善する目的でインパルス応答を複数回測定して同期加算する場合がある。その際，コンサートホールなどの大空間では室温変化や気流による音場の時変性によって誤差が生じることがある。音場の時変性に対しMLS法は影響を受けやすく，swept sine法は影響を受けにくい。swept sine法でSN比を改善する場合，同期加算回数を増やすよりも，掃引速度を遅くして信号長を長くしたほうが音場の時変性の影響を受けにくい[22)]。

〔2〕 **インパルス応答の積分**　残響減衰曲線$E(t)$は，暗騒音のない理想的な条件においては，次式に示すようにインパルス応答$p(t)$の最後（$t\to\infty$）から時間的に逆方向に2乗積分することによって算出できる。

$$E(t)=\int_t^\infty p^2(\tau)\,d\tau=\int_\infty^t p^2(\tau)\,d(-\tau) \tag{2.102}$$

暗騒音のある場合には，その影響によって残響減衰曲線が途中で折れ曲がる。暗騒音レベルがわかる場合には，次式によってその影響を低減できる。

$$E(t)=\int_{t_1}^t p^2(\tau)\,d(-\tau)+C \qquad (t<t_1) \tag{2.103}$$

図2.18にインパルス応答の2乗減衰波形を示す。積分開始時間t_1は，暗騒音レベルを表す水平線と減衰の傾きを表す斜線が交差する時間である。定数Cはオプションの補正項で，暗騒音のない場合の2乗応答をt_1から∞まで積分したものに等しい。これは通常は不明なので，実際にはt_1のレベルより10 dB大きくなる時間をt_0とし，t_0とt_1の間の減衰率でその後も減衰するとして計

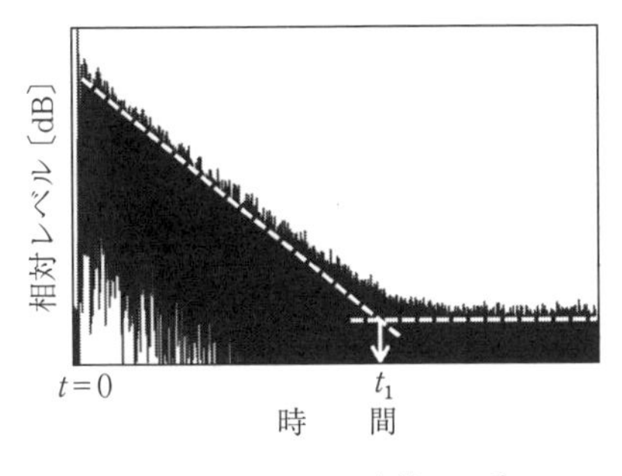

図 2.18　インパルス応答の 2 乗の減衰波形

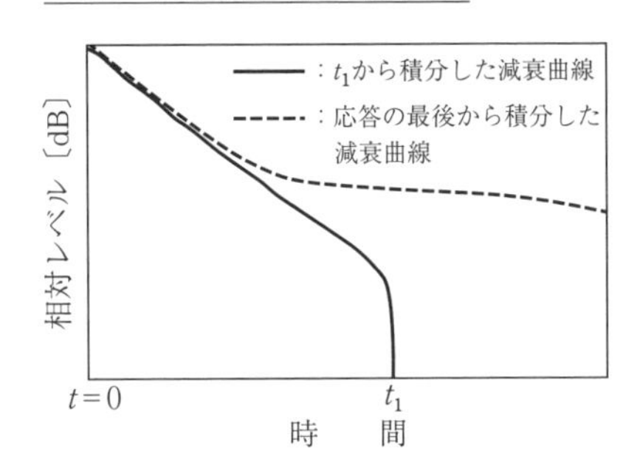

図 2.19　インパルス応答積分法による減衰曲線

算した値を C とすると，最も信頼性のある減衰曲線が得られる。

図 2.19 にインパルス応答積分法による減衰曲線を示す。この図は，図 2.18 に示した暗騒音を含むインパルス応答に，式 (2.103) によって t_1 から積分した結果（$C=0$）と，式 (2.102) によって応答の最後から積分した結果を比較したものである。式 (2.102) による減衰曲線（破線）は，暗騒音の影響により減衰の途中から傾きが水平に漸近して，正確な傾きを読むことができるレベル範囲が狭くなってしまっているのがわかる。一方，式 (2.103) による結果（実線）は，t_1 に近い時間まで減衰の傾きがほぼ維持されている。

定数 C をゼロとした減衰曲線から求めた残響時間は系統的に過小評価されてしまう。その影響を 5%未満に抑えるためには，暗騒音レベルはインパルス応答の最大値から残響時間の評価区間 +15 dB 以上小さくなければならない。例えば，定数 C を設定しないで T_{30} を求めるには，暗騒音レベルはインパルス応答の最大値から 45 dB 以上小さい必要がある。

〔3〕 **残響時間の読み取りと測定の不確かさ**　インパルス応答積分法では，残響減衰曲線における定常状態のレベルは式 (2.102) または式 (2.103) で $t=0$ まで積分したレベルとなる（図 2.19 の $t=0$）。ノイズ断続法と同様に，残響減衰曲線の −5 ～ −35 dB の減衰範囲における傾き，すなわち減衰率 d〔dB/s〕を求め，$T_{30}=60/d$ として残響時間を算出する。T_{20} の場合には減衰率 d の評価区間は −5 ～ −25 dB である。これら評価区間における傾きは，最

小2乗法による直線回帰によって求める。

インパルス応答積分法によって得られる減衰曲線は，理論上，ノイズ断続法による減衰曲線を無限回アンサンブル平均したものに等しい。現実的には，インパルス応答積分法による測定結果の不確かさは，ノイズ断続法における不確かさを求める式 (2.98) と式 (2.99) において，各受音点での測定回数 n を 10 としたものとほぼ等価である。したがって，各受音点における複数回の測定は必要ない。

ノイズ断続法と同様，残響時間が非常に短い場合には帯域フィルタが誤差の要因となりえるため，式 (2.100) によって測定の信頼性をチェックする必要がある。インパルス応答積分法はノイズ断続法のように減衰曲線を平滑化する必要がないので，時定数に起因する誤差は考える必要はない。

2.6.5 残響時間の測定結果の表示

残響時間の測定結果を図示する場合には，各周波数帯域の測定値を表す点を直線で結ぶ。横軸には周波数を対数スケールで，オクターブが 1.5 cm となるようにとる。縦軸には残響時間〔s〕をとるが，2.5 cm が 1 s に相当するリニアスケール，あるいは 10 cm が 10 倍に相当する対数スケールのいずれかとする。周波数軸にはオクターブバンドの中心周波数を示す。

測定空間の残響時間を単一の数値で表すには，1 オクターブバンド測定では中音域の 500 Hz と 1 000 Hz の 2 帯域の値，1/3 オクターブバンド測定では 400 ～ 1 250 Hz の 6 帯域の値を算術平均したものを用いる（$T_{30,\mathrm{mid}}$ または $T_{20,\mathrm{mid}}$ と表記)。

2.7 室内音場における音の知覚と物理指標

室内音場では，直接音だけでなく反射音も同時に聞くことになるが，直接音と反射音の相対的な差により，知覚される音のイメージ（**音像**，sound image）は大きく変わる。反射音の存在により**残響感**（reverberance）や**広がり感**

(spaciousness) といった感覚が知覚されるようになり，特に音楽ホールではそれらの感覚が重要視される。その一方で，強すぎる反射音は音声や音楽の明瞭性を損じ，音響障害となる場合もある。本節では，反射音が音の知覚に及ぼす影響について，対応する物理指標と併せて述べる。

2.7.1 室内音場における聴覚事象

〔1〕 **要素感覚**　われわれが知覚する音像の感覚は，1章で取り上げた音の大きさ，高さ，音色，方向感などに分けられる。これらのうち，**図 2.20** に示すようなそれ以上細かく分けられない感覚を**要素感覚** (elemental sensation) と呼ぶ[23]。室内音場では，反射音の存在により残響感や広がり感といった要素感覚が生じるが，つぎに述べる**第一波面の法則** (the law of the first wave front，あるいは**先行音効果** precedence effect) や**ハース効果** (Haas effect) がそれらに大きく影響することが知られている。

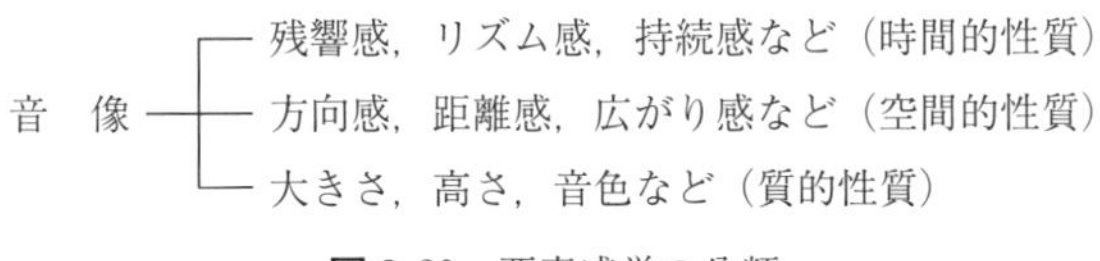

図 2.20　要素感覚の分類

〔2〕 **第一波面の法則**　室内音場において音を聞く場合，直接音に対する反射音の相対的な差がある範囲に収まっていれば，複数の反射音がさまざまな方向から到来するにもかかわらず，直接音の到来方向に1つの音像を知覚する。この聴覚事象のことを第一波面の法則と呼ぶ。この法則により，反射音がさまざまな方向から到来する室内音場においても，音源の位置を正確に把握することができる。

第一波面の法則には，直接音と反射音の① 時間差，② 強度差，③ 到来方向の差が関係する。**図 2.21** に後続音の遅れ時間による音像位置の変化を示す。図は，聴取者の前方の左右対象の位置にスピーカを配置し，同じ信号を同じ強度で再生するが，一方の到達時間を遅らせていく場合の音像の中心位置の模式

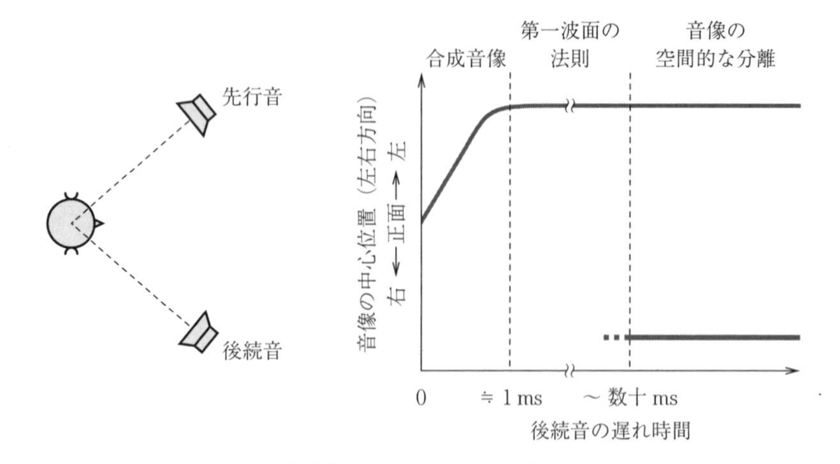

図 2.21　後続音の遅れ時間による音像位置の変化

図である。先に聴取者に到達する音を先行音，後に到達する音を後続音とする。室内音場では，一般に先行音が直接音，後続音が反射音として考えることができる。

後続音の遅れ時間が 1 ms 以下と両耳間時間差程度の値よりも短い場合，第一波面の法則は成立せず，**合成音像**（summing localization）と呼ばれる音像が 2 つのスピーカの間に生じる。合成音像は遅れ時間が 0 ms の場合は 2 つのスピーカの中点，すなわち聴取者の正面に生じ，遅れ時間が長くなるにつれて先行音の方向に音像が移動する。後続音の遅れ時間が 1 ms を超えると第一波面の法則が成立し，先行音の方向にのみ音像が生じる。さらに後続音の遅れ時間を長くしていくと，音像が空間的に分離しはじめ，それぞれのスピーカ方向に 2 つの音像を知覚するようになる。この音像の空間的な分離が，後述する広がり感が生じる理由の 1 つである。

音像が空間的に分離しはじめる遅れ時間は，先行音が後続音よりも強く，両者の到来方向の差が小さいほど長くなると考えてよいが，音場に入力される信号にも大きく影響される。信号に鋭い立ち上がりがどの程度含まれているかや，継続時間の長さなどが影響する。インパルス信号のような短音では遅れ時間が数 ms を超えると音像が分離しはじめるが，音声や音楽のような信号の場合は，遅れ時間が数十 ms 程度まで第一波面の法則が成立する。

なお，第一波面の法則は先行音と後続音の音源が水平面上にある場合だけでなく，正中面上にある場合でも生じることが知られており，聴覚末梢における非同時マスキングと両耳効果だけでは説明できない聴覚事象と考えられている。

〔3〕 **ハース効果** 第一波面の法則は1948年にL. Cremer[24]が発見したが，1951年にH. Haas[25]が報告した直接音と反射音の相対差に関連する実験に由来して，同様の聴覚現象をハース効果と呼ぶことも多い。ただし，ハースの実験により得られた知見は，第一波面の法則の項で述べた音像の空間的側面だけでなく，ラウドネスや明瞭性に関する側面も含んでいる。ハースは音声聴取と反射音の関係について心理実験を行い，1～30 ms の遅れ時間の反射音は，直接音の音像方向を変えないだけでなく，直接音のラウドネスの増加と音像の空間的な幅を広げる効果があることを示した。また，遅れ時間が長い反射音は音声の聞き取りを妨害し，妨害感を生じさせる遅れ時間の境界が，反射音の到来方向によらず50 ms 程度であることを示した。

〔4〕 **インパルス応答から算出可能な物理指標** 第一波面の法則やハース効果が音像にどのような影響を与えるかを把握するためには，直接音と反射音の相対差を知る必要がある。この情報は室内音場のインパルス応答に含まれている。ISO3382 シリーズは，室内音場における物理指標の測定方法についてまとめた国際規格であるが，パフォーマンス空間を対象としたPart 1（以下，ISO3382-1）では，**表2.2** に示す要素感覚と対応する物理指標が定義されている。これらはすべてインパルス応答から算出可能であり，第一波面の法則を含むさまざまな聴覚事象を考慮して提案されたものである。2.7.2 項以降では，おもにISO3382-1 で定義された物理指標について解説する。

なお，2.7.2 項以降で述べる物理指標は，室内音場がそれぞれの要素感覚にどのような影響を与えるかを評価するものである。最終的に聴取者が知覚する要素感覚は，室内音場の特性だけでなく室内音場に入力される音響信号の特性にも大きく影響される点に留意されたい。

表 2.2　ISO3382-1 で定義された要素感覚と対応する物理指標

対象	要素感覚	物理指標	記号	単位
客席	ラウドネス	ストレングス	G	dB
	残響感	初期減衰時間	EDT	s
	明瞭性	C 値 D 値 時間重心	C_{80} D_{50} T_{S}	dB なし ms
	みかけの音源の幅	初期側方エネルギー率	J_{LF}	なし
	音に包まれた感じ	後期側方反射音レベル	L_{J}	dB
ステージ	合奏のしやすさ	early support	$\mathrm{ST_{early}}$	dB
	残響感	late support	$\mathrm{ST_{late}}$	dB

2.7.2 ラウドネス

〔1〕 **ストレングス（*G*）**　ハース効果により，遅れ時間の短い反射音は直接音のラウドネスを補強することが知られている。つまり，音響出力が同じ音源を自由空間と室内音場でそれぞれ再生した場合，後者のほうが反射音の補強により，大きいラウドネスを知覚する。

室内音場におけるラウドネスに関連する物理指標として，**ストレングス**（sound strength, G）が提案されている。G は，自由空間における音響出力が一定の全指向性音源から 10 m 離れた地点の音圧レベルを基準値とし，同じ音源を用いて室内音場の任意の点における相対音圧レベルを測定したものである。式（2.104）にインパルス応答で表現した定義式を示す。

$$G=10\log_{10}\frac{\int_0^{\infty}p^2(t)\,dt}{\int_0^{\infty}{p_{10}}^2(t)\,dt} \tag{2.104}$$

ここで，$p(t)$ は評価対象点で測定したインパルス応答，$p_{10}(t)$ は自由空間で音源から 10 m 離れた点で測定したインパルス応答である。なお，室内音場が完全拡散音場であると仮定すると，G は式（2.105）で表せる。

$$G=10\log_{10}\left[\frac{1/(4\pi r^2)+4/R}{1/(4\pi\times10^2)}\right]=10\log_{10}\left(\frac{100}{r^2}+\frac{1\,600\pi}{R}\right) \tag{2.105}$$

ここで，r は音源からの距離〔m〕，$R=S\overline{\alpha}/(1-\overline{\alpha})$ である。

式 (2.105) からわかるように，G は基本的には定常状態に達した室内音場の音圧レベル分布を示すものであり，自由空間で音源から 10 m 離れた点の音圧レベルで基準化することにより，室内音場によってどれだけ音のエネルギーが増幅されるかという意味付けをしたものである。厳密にラウドネスを予測する物理指標ではないが，同様の演目を異なるホールで聴取する場合に，G が大きいホールほどラウドネスが大きいといった相対的な評価は可能である。

〔2〕 **early support**　early support（$\mathrm{ST_{early}}$）は，ステージにおける合奏のしやすさと関連する物理指標として定義されている。$\mathrm{ST_{early}}$ は式 (2.106) で定義される。

$$\mathrm{ST_{early}}=10\log_{10}\frac{\displaystyle\int_{0.020}^{0.100}p^2(t)\,dt}{\displaystyle\int_{0}^{0.010}p^2(t)\,dt} \tag{2.106}$$

ここで，$p(t)$ は全指向性音源から 1 m 離れた点で測定したインパルス応答である。この 1 m という距離は，演奏者の耳とその演奏者が持つ楽器の距離が想定されている。また，音源と測定点は同じ高さとし，床以外の反射面から 2 m 以上離れた点で測定することとされている。

対数の真数の分母は，直接音および遅れ時間が 10 ms 以内の反射音のエネルギーの総和であるが，直接音と床からの反射音の 2 つが含まれることが想定されている。一方，分子は遅れ時間が 100 ms までの反射音のエネルギーの総和であり，おおむねハース効果が期待できる反射音を対象としている。したがって，$\mathrm{ST_{early}}$ は，床以外に反射面がない空間を基準として，初期に到来する反射音により，どれだけラウドネスが増幅されるかを表す物理指標であるといえる。$\mathrm{ST_{early}}$ が高いほど合奏のしやすさが高くなるとされているが，明確な結論は出ていない。

2.7.3 残 響 感

残響感は，残響に関連した広範な感覚を意味する場合もあるが，ここでは残響の時間的な「長さ」に対する要素感覚として述べる。

〔1〕 **初期減衰時間（EDT）**　残響感に対する物理指標として，古くから残響時間が用いられていたが，1970年にJordan[26]は残響減衰曲線の初期部分の傾きが残響感に対応すると考え，**初期減衰時間**（early decay time, **EDT**）を提案した。EDTは，残響減衰曲線の最初の10 dBの減衰にかかる時間を6倍した値である。EDTが長いほど，長い残響感を感じる。特に音楽などの信号が途切れずに続いている箇所を聴取した際に感じる残響感に対して，残響時間よりも対応がよいとされている。

インパルス応答から算出する場合，残響時間と同様にシュレーダー法により残響減衰曲線を求めればよい。**図2.22**にEDTと残響時間（T_{20}）の比較を示すが，音場が拡散音場に近い場合，残響減衰曲線の傾きは一定となるため，EDTと残響時間に差は生じない。その一方で，吸音材が偏在するような拡散が悪い音場では，EDTと残響時間に差が生じるため，EDTが残響感の指標として有効となる。

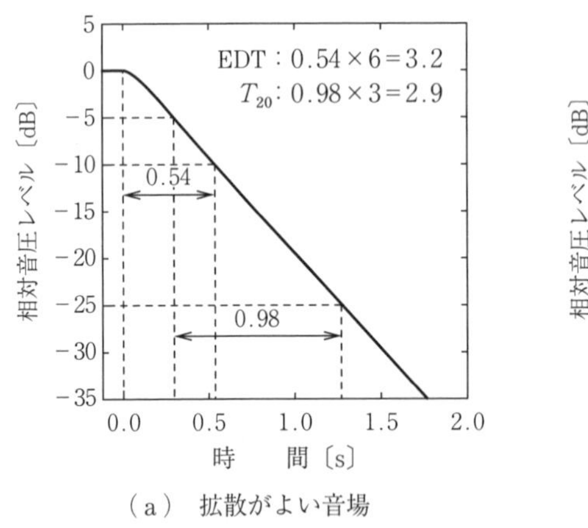

（a） 拡散がよい音場

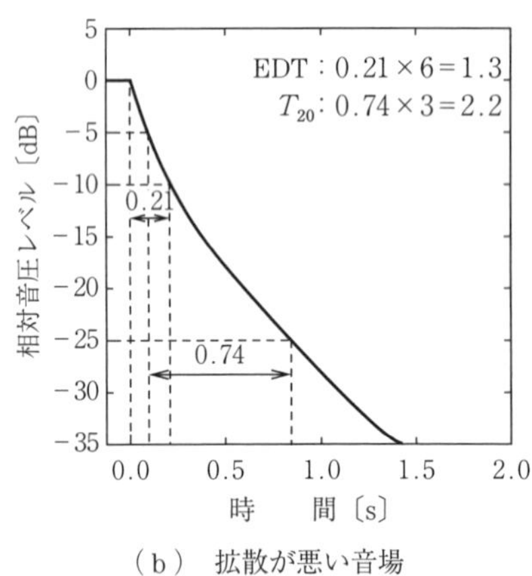

（b） 拡散が悪い音場

図2.22　EDTと残響時間（T_{20}）の比較

〔2〕 **late support（ST_{late}）**　late support（ST_{late}）は，ステージにおける演奏者が知覚する残響感と関連する物理指標として式(2.107)で定義されている。

$$\mathrm{ST_{late}}=10\log_{10}\frac{\int_{0.100}^{1.000}p^2(t)\,dt}{\int_{0}^{0.010}p^2(t)\,dt} \tag{2.107}$$

ここで，$p(t)$ は全指向性音源から 1 m 離れた点で測定したインパルス応答である。音源と測定点の高さを揃えるなどの測定における制限は $\mathrm{ST_{early}}$ と同じである。対数の真数の分母は，$\mathrm{ST_{early}}$ と同じであるが，分子は遅れ時間が 100 ms から 1 s までの反射音のエネルギーである。EDT のように物理的な残響音の減衰性状を直接的に尺度化したものではないが，演奏者がステージ上から客席空間における残響感の程度を把握できるかを示す指標とされている。

2.7.4　広 が り 感

広がり感は音像の空間的な側面に対する感覚であり，**図 2.23** に示す**みかけの音源の幅**（apparent source width, **ASW**）と**音に包まれた感じ**（listener envelopment, **LEV**）の 2 つの要素感覚に分けられる[27)]。ASW は「直接音の到来方向に直接音と時間的にも空間的にも融合して知覚される音像の幅」，LEV は「ASW 以外の音像によって，聴取者の周りが満たされている感じ」と定義できる。両者は第一波面の法則と関係が深く，ASW には第一波面の法則が成立する遅れ時間が短い反射音，LEV には音像の空間的な分離が生じる遅れ時

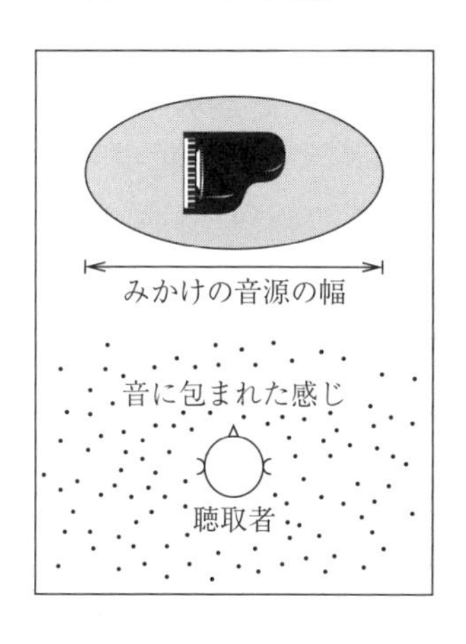

図 2.23　みかけの音源の幅と音に包まれた感じの概念図

間が長い反射音が影響する。

〔1〕 **ASWの物理指標**　　直接音の音像の中心位置の方向は，短い遅れ時間の反射音を付加しても変わらないが，その音像の幅，すなわちASWは反射音の付加により広くなる。また，ASWは反射音の到来方向が側方になるほど広くなることが知られている。

以上のASWの特徴を踏まえ，物理指標として式(2.108)で定義される**初期側方エネルギー率**（early lateral energy fraction, J_{LF}）が提案された。

$$J_{\mathrm{LF}}=\frac{\int_{0.005}^{0.080} p_L{}^2(t)\,dt}{\int_{0}^{0.080} p^2(t)\,dt} \tag{2.108}$$

ここで，$p(t)$は全指向性マイクロホンで測定したインパルス応答，$p_L(t)$は両指向性（8の字特性）マイクロホンを聴取者の左右の外耳道入口を結ぶ線上で感度が最大となるように（つまり，側方になるほど感度が高くなるように）設置して測定したインパルス応答である。J_{LF}は直接音と80 msまでの反射音に着目し，それらの総エネルギーに対する側方から到来する反射音のエネルギーの割合で室内音場がASWに及ぼす影響を評価しようとするものである。

なお，両指向性マイクロホンの感度特性は音圧に対して適用されるものであり，エネルギーで考えるとJ_{LF}では反射音の方向に応じた感度補正を二重に適用したことになってしまう。そこで，ISO3382-1では，式(2.109)で定義されるJ_{LFC}も併記されている。

$$J_{\mathrm{LFC}}=\frac{\int_{0.005}^{0.080} |p_L(t)\,p(t)|\,dt}{\int_{0}^{0.080} p^2(t)\,dt} \tag{2.109}$$

〔2〕 **LEVの物理指標**　　LEVを生じさせるためには，直接音の音像方向とは別の方向に生じる音像が必要であり，第一波面の法則から考えて遅れ時間が長い反射音が重要となる。ISO3382-1では，LEVの物理指標として式(2.110)で定義される**後期側方反射音レベル**（late lateral sound level, L_{J}）が記載されている。

$$L_{\mathrm{J}} = 10 \log_{10} \frac{\int_{0.080}^{\infty} p_L{}^2(t)\, dt}{\int_{0}^{\infty} p_{10}{}^2(t)\, dt} \tag{2.110}$$

ここで，$p_{10}(t)$ は自由空間で音源から 10 m 離れた点で測定したインパルス応答，$p_L(t)$ は両指向性マイクロホンを J_{LF} の測定と同様に配置して測定したインパルス応答である。80 ms 以上の遅れ時間を持ち，かつ側方から到来する反射音が LEV を増大させるという考え方に基づく指標である。

LEV の物理指標についてはさまざまな研究が進められており，それらを総括すると側方からの反射音だけでなく，上あるいは前後から到来するエネルギーの量やそれらの比率も LEV に影響するとされている[28),29)]。

〔3〕　**両耳間相関度**　　**両耳間相関度**（interaural cross correlation coefficient, IACC）は，ASW と LEV の両者に関連する物理指標であり，左右の耳に入力される信号がどの程度類似しているかを示す指標である。ISO3382-1 では式 (2.111) と式 (2.112) で定義されている。

$$\mathrm{IACC}_{t_1,t_2} = \max |\mathrm{IACF}_{t_1,t_2}| \qquad (-1\ \mathrm{ms} < \tau < 1\ \mathrm{ms}) \tag{2.111}$$

$$\mathrm{IACF}_{t_1,t_2}(\tau) = \frac{\int_{t_1}^{t_2} p_l{}^2(t)\, p_r{}^2(t+\tau)\, dt}{\sqrt{\int_{t_1}^{t_2} p_l{}^2(t)\, dt \int_{t_1}^{t_2} p_{r2}(t)\, dt}} \tag{2.112}$$

ここで，$p_l(t)$ と $p_r(t)$ はそれぞれ左右の外耳道入口で測定したインパルス応答である。

IACC は 0 ～ 1 の範囲の値をとり，0 に近いほど左右の耳に入力される信号が異なることを示す。一般に，聴取者の正中面から離れた方向から到来する反射音が多いほど IACC は低下するため，IACC が低いほど ASW と LEV は増加する。ISO3382-1 では t_1 と t_2 の一般的な定義を，インパルス応答全体に相当する $t_1=0$，$t_2=\infty$（あるいは残響時間よりも長い値）としているが，インパルス応答の初期部分や後期部分に着目して算出する方法もあるとされている。なお，ASW についてはインパルス応答全体，LEV についてはインパルス応答の後期部分（ISO3382-1 では，$t_1=80$ ms，$t_2=\infty$）に対する IACC と対応するという研究事例がある。

2.7.5 明　瞭　性

〔1〕 ***C* 値**, ***D* 値**, **時間重心**　　ハース効果により，室内音場に入力される信号が音声の場合，遅れ時間が 50 ms 程度までの反射音は直接音のラウドネスを増加させるが，遅れ時間がそれ以上の反射音は音声の聴き取りを妨害する。室内音場に入力される信号が音楽の場合，遅れ時間の境界はやや長くなり，80 ms 程度とされている。音声や音楽の明瞭性は基本的に SN 比で決まるが，室内音場の場合，信号は直接音とこれを補強する遅れ時間の短い反射音，雑音は音声の聴き取りを妨害する遅れ時間の長い反射音と考えてよい。

以上の明瞭性と反射音の関係を踏まえ，ISO3382-1 では，***C* 値**（early-to-late index），***D* 値**（definition or deutlichkeit），**時間重心**（center time）の 2 つが明瞭性の物理指標として定義されている。それぞれの定義式を式 (2.113) ～ (2.115) に示す。

$$C_{te}=10\log_{10}\frac{\int_0^{te}p^2(t)\,dt}{\int_{te}^{\infty}p^2(t)\,dt} \tag{2.113}$$

$$D_{50}=\frac{\int_{0.050}^{\infty}p^2(t)\,dt}{\int_0^{\infty}p^2(t)\,dt} \tag{2.114}$$

$$T_S=10\log_{10}\frac{\int_0^{\infty}tp^2(t)\,dt}{\int_0^{\infty}p^2(t)\,dt} \tag{2.115}$$

ここで，$p(t)$ は評価対象点で測定したインパルス応答である。式 (2.113) における te は，信号が音声の場合 50 ms，音楽の場合 80 ms（C_{80} を clarity と呼ぶ）である。式 (2.115) に示した時間重心は明確にある遅れ時間で，明瞭性に有効な音と有害な音に分けるものではないが，それらのエネルギーのバランスを評価する指標である。一般に C 値あるいは D 値が大きくなるほど，時間重心が短くなるほど明瞭性は向上する。

〔2〕 **speech transmission index（STI）** ISO3382-1では音声の明瞭性に特化した物理指標として，算出方法の記載はないもののspeech transmission index（STI）[30]について言及されている。STIもインパルス応答から算出可能であるが，明瞭性に有効な音と有害な音のエネルギーの算出方法が大きく異なる。

図2.24に，STIにおける有効/有害なエネルギーの考え方を示す。音声を周波数f_mの正弦波により変調度1で振幅変調した雑音で模擬する。この雑音で模擬した音声を室内音場に入力すると，測定点では反射音の影響を受けて振幅の最小値（A_{min}）が増加し振幅の最大値（A_{max}）との差が狭くなる。ここで，音声の明瞭性に有効なエネルギーをA_{min}以上の部分，有害なエネルギーをA_{min}以下の部分とすると，みかけ上のSN比（SNR_{eff}）は式(2.116)で表せる。インパルス応答からSTIを算出する場合，式(2.117)から測定点における雑音で模擬した音声の変調度m（f_m）を算出し，式(2.118)からSNR_{eff}を求める。

$$SNR_{\mathrm{eff}}=10\log_{10}\frac{(A_{\mathrm{max}}-A_{\mathrm{min}})/2}{A_{\mathrm{min}}} \tag{2.116}$$

$$m(f_m)=\frac{\left|\int_0^{\infty}p^2(t)\,e^{-i2\pi f_m t}\,dt\right|}{\int_0^{\infty}p^2(t)\,dt} \tag{2.117}$$

$$SNR_{\mathrm{eff}}(f_m)=10\log_{10}\frac{m(f_m)}{1-m(f_m)} \tag{2.118}$$

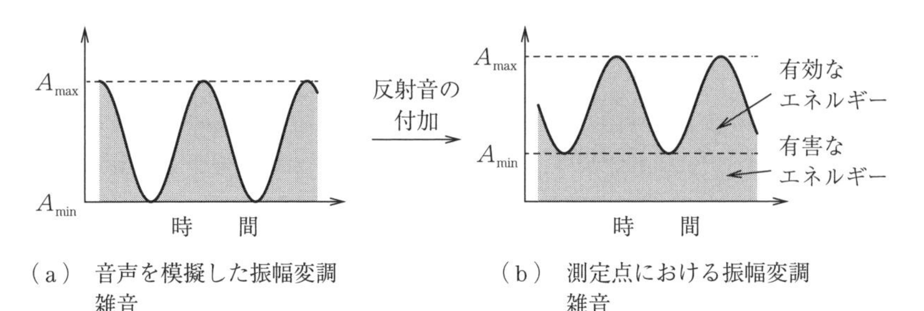

（a） 音声を模擬した振幅変調雑音

（b） 測定点における振幅変調雑音

図2.24 STIにおける有効/有害なエネルギーの考え方

ここで，$p(t)$ は評価対象点で測定したインパルス応答である。

STI を算出するためには，この SNR_{eff} を合計で 98 種類の変調周波数と周波数帯域の組合せで測定する必要がある。測定した SNR_{eff} を 0 ～ 1 の値にスケーリング（−15 dB が 0，＋15 dB が 1）したうえで，同じ周波数帯域のデータを平均し，最後に 1 章で紹介した speech intelligibility index（SII）と同様に周波数帯域の寄与率を乗じた値の総和を求める。STI が高いほど音声の明瞭性は高くなり，おおよそ 0.5 ～ 0.6 以上であれば音声了解度が良好と評価される（図 5.4，文献 31）参照）。STI の規格は改訂が重ねられており，本稿執筆時点では SNR_{eff} の算出において，室内音場の影響だけでなく，背景騒音の音圧レベル，最小可聴値，周波数帯域間のマスキングが考慮されるため，その計算は複雑である。

2.7.6 音 響 障 害

ここまで，反射音が音の知覚に及ぼす影響について述べてきたが，ほかにもいくつか音声や音楽の聴取に悪影響を与える音響障害と呼ばれる聴覚事象がある。音響障害を防止する方法については 4 章で述べる。

〔1〕 **カラレーション**　　反射音の遅れ時間が数 ms から十数 ms と短い場合，直接音と反射音の干渉により特定の周波数の音が強調され，音色が変化することを**カラレーション**（coloration）と呼ぶ。

〔2〕 **フラッタエコー**　　天井，床，壁といった反射面が互いに平行しており，それらの吸音率が低い場合，反射音がこの平行面の間を往復することにより，ある一定の時間間隔で反射音が繰り返す場合がある。このような反射音群を**フラッタエコー**（flatter echo）と呼び，特に継続時間の短い拍手や足音にプルル…といった特殊な音色が付加される。基本的に音響障害として避けるべきであるが，日光東照宮の鳴竜のように，サウンドスケープにおける標識音として広く認知される場合もある。

〔3〕 **ロングパスエコー**　　特に遅れ時間が長く，音圧レベルの高い反射音を**ロングパスエコー**（long-path echo）と呼ぶ。音声や音楽を聴取する場合，

直接音の音脈とロングパスエコーの音脈が時間的に分離して知覚されるため，妨害感が非常に高くなる。室容積の大きい音楽ホールでは，ロングパスエコーが発生する場合があるため，反射面や吸音面を注意深く配置する必要がある。また，屋外で拡声を行う場合にも生じやすい音響障害である。

エコーの指標として，%ディスターバンスが挙げられる。%ディスターバンスはどれだけの割合の人がエコーを障害と感じるかを示す。**図 2.25** は，直接音に対する反射音の遅れ時間と相対音圧レベルをパラメータとして，音声を対象とした場合の%ディスターバンスを予測するチャートである。

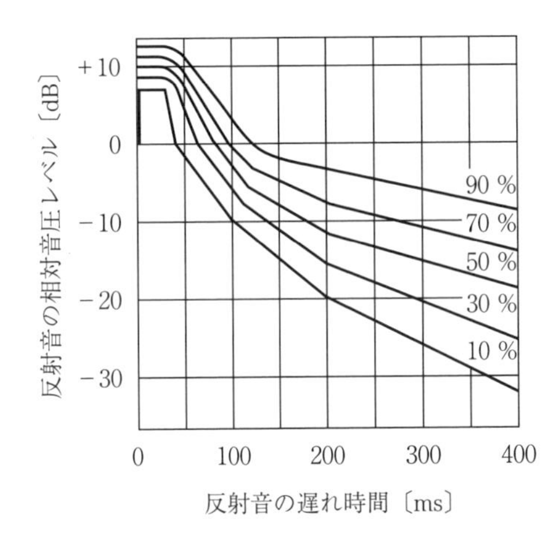

図 2.25　音声を対象とした場合の%ディスターバンスを予測するチャート[32)]

〔4〕 **ブーミング**　室の固有振動により特定の低い周波数が強調されて生じる音響障害を**ブーミング**（booming）と呼ぶ。強調された周波数の音が特異な響きで聞こえるため，音声や音楽の明瞭性が低下する場合がある。

引用・参考文献

1) P. M. Morse and K. U. Ingard：Theoretical acoustics, McGraw-Hill（1968）
2) M. R. Schroeder：Statistical parameters of the frequency response curves of large rooms, J. Audio Eng. Soc., **35**, 5, pp.209-306（1987）
3) W. C. Sabine：Collected papers on acoustics, Harvard University Press（1927）
4) C. F. Eyring：Reverberation time in "dead" rooms, J. Acoust. Soc. Am., **1**, p.217（1930）

5）　E. J. Evans and E. N. Bazley：The absorption of sound in air at audio frequencies, Acustica, **6**, pp.238-245（1956）
6）　C. M. Harris：Absorption of sound in air in the audio frequency range, J. Acoust. Soc. Am., **35**, 1, p.11（1963）
7）　V. O. Knudsen：Absorption of sound in air, in oxygen, and in nitrogen effects of humidity and temperature, J. Acoust. Soc. Am., **5**, 2, p.112（1933）
8）　D. Fizzroy：Reverberation formula which seems to be more accurate with nonuniform distribution of absorption, J. Acoust. Soc. Am., **31**, 7, p.893（1959）
9）　H. Arau-Puchades：An improved reverberation formula, Acustica, **65**, 4, pp.163-180（1988）
10）　平田能睦：矩形室音場の音像法による解析，日本音響学会誌，**33**, 9, pp.480-485（1977）
11）　Y. Hirata：Dependence of the curvature of sound decay curves and absorption distribution on room shapes, J. Sound and Vib., **84**, 4, pp.509-517（1982）
12）　M. Tohyama and S. Yoshikawa：Approximate formula of the averages sound energy decay curve in a rectangular reverberant room, J. Acoust. Soc. Am., **70**, 6, pp.1674-1678（1981）
13）　M. Tohyama and A. Suzuki：Reververation time in an almost-two-dimensional diffuse field, J. Sound and Vib., **111**, 3, pp.391-398（1986）
14）　H. Kuttruff：room acoustics（fifth edition）, Spon Press（2009）
15）　久野和宏，倉田勤，野呂雄一，井研治：直方体室における音線の衝突周波数分布とその残響特性に与える影響，日本音響学会誌，**47**, 5, pp.318-326（1991）
16）　N. Kanev：Sound decay in a rectangular room with specular and diffuse reflecting surfaces, Proc. FORUM ACUSTICUM 2011, pp.1935-1940（2011）
17）　羽入敏樹：鏡面反射面で構成された矩形室における残響減衰の数理モデル，日本音響学会講演論文集 , 3-4-3, p.1027（2017）
18）　M. Barron：Energy relations in concert auditoriums 1, J. Acoust. Soc. Am., **84**, 2, pp.618-628（1988）
19）　M. Barron：Theory and measurement of early, late and total sound levels in rooms, J. Acoust. Soc. Am., **137**, 6, pp.3087-3098（2015）
20）　ISO 3382-1, Acoustics -Measurement of room acoustic parameters- Part 1：Performance spaces（2009）
21）　M. R. Schroeder：New method of measuring reverberation time, J. Acoust. Soc. Am., **37**, pp.409-412（1965）

22)　佐藤史明：室内音響インパルス応答の測定技術，日本音響学会誌，**58**, 10, pp.669-676（2002）

室内音場の物理指標に関して

23)　森本政之：室内音響心理評価のための物理指標，日本音響学会誌，**53**, 4, pp. 316-319（1997）

24)　L. Cremer：Die wissenschaftlichen Grundlagen der Raumakustik, Bd. 1. Hirzel-Verlag（1948）

25)　H. Haas：Über den Einfluss eines Einfachechos auf die Hörsamkeit von Sprache, Acustica, **1**, pp.49-58（1951）

26)　V. Jordan：Acoustical criteria for auditoriums and their relation to model techniques, J. Acoust. Soc. Am., **47**, 2, pp.408-412（1970）

27)　森本政之，藤森久嘉，前川純一：みかけの音源の幅と音に包まれた感じの差異，日本音響学会誌，**46**, 6, pp.449-457（1990）

28)　M. Morimoto, K. Iida, and K. Sakagami：The role of reflections from behind the listener in spatial impression, Applied Acoustics, **62**, 2, pp.109-124（2001）

29)　羽入敏樹，星和磨，佐藤瑠美：音楽ホールにおける後期上方反射音がもたらす空間印象，日本音響学会誌，**69**, 1, pp.7-15（2013）

30)　IEC 60268-16 Ed. 4.0, Objective rating of speech intelligibility by speech transmission index（2011）

31)　日本建築学会編：日本建築学会環境基準 AIJES-S0002-2011 都市建築空間における音声伝送性能評価規準・同解説（2011）

32)　R. Bolt and P. Doak：A tentative criterion for the short-term transient response of auditoriums, J. Acoust. Soc. Am., **22**, 4, pp. 507-509（1950）

3章 吸音と遮音

◆本章のテーマ

吸音の定義については1章で述べたが，吸音を目的として使用される吸音材料は，材料内での吸収エネルギーが大きく，これによって残響時間の制御や，室内騒音レベルの制御をすることができる。そのため音環境を制御する1つの有効な手段である。また，遮音は壁体などの音の透過による隣室などへの音の伝達や，外部からの騒音の侵入を低減することであり，静穏な音環境を作るため，またプライバシーの保護の観点からも重要な技術である。本章では，建築物において快適な音環境を作るために必須であるこれらの技術について，重要な事項を解説する。

◆本章の構成（キーワード）

3.1　吸音材料と吸音機構
　多孔質吸音材，板（膜）振動型吸音体，共鳴器型吸音体，吸音の仕組み
3.2　各種吸音材料の特徴と用法
　吸音特性，背後構造，空気層
3.3　吸音率の測定方法
　吸音性能，音響管法，定在波法，伝達関数法，残響室法
3.4　吸音率の予測方法
　音響インピーダンス，流れ抵抗，予測式
3.5　新しい吸音材料
　次世代吸音材料，微細穿孔板（MPP），膜材料
3.6　壁体による空気音の遮音
　透過率，透過損失，遮音構造，室間音圧レベル差，遮音性能の評価
3.7　固体音・防振・床衝撃音
　固体中の音の伝搬，防振，床衝撃音，評価指標

3.1 吸音材料と吸音機構

1章に述べたとおり，壁や天井など何らかの材料でできた境界面に入射した音は，一部は反射され，一部は透過し，一部は境界面の材料内部で吸収される。吸音と呼ばれるのは，材料の内部で吸収されるエネルギーと，境界面の背面に透過したエネルギーの合計である。言い換えると，反射されなかったエネルギーということになる。その入射エネルギーに対する比率を吸音率というが，これは材料の性質によって異なり，また吸収する仕組みによっても異なる。本節では，まず典型的な吸音材料の種類と，それぞれの吸音機構すなわち音のエネルギーを吸収する仕組みを説明する。

3.1.1 吸音材料の種類

吸音材料は，入射した音響エネルギーを何らかの形で吸収（実際には熱エネルギーなど，他のエネルギーに変換して消散）するが，大別すると材料内の毛細管内を音が伝搬する際に粘性抵抗などによってエネルギーが吸収される**多孔質吸音材**（porous absorber）と，何らかの共振系が入射した音（音圧）によって振動し，音響エネルギーが振動エネルギーに，最終的には摩擦などによって熱エネルギーに変換されて消散する共鳴型吸音体に大別される。共鳴型吸音体は，共振系としてどのような機構を利用するかでさらに分類され，**板（膜）振動型吸音体**（panel absorber または membrane-type absorber）と，**共鳴器型吸音体**（resonant absorber）に分けられる。吸音機構ごとに吸音特性に特徴があり，用途に応じて使い分けることが肝要である。各機構については3.1.2項以降で詳述するが，**図3.1**に各吸音機構の形態と吸音特性の概要をまとめておく。

3.1.2 多孔質吸音材

多孔質吸音材は，内部に連続気泡（気泡が互いに繋がっている）を有する多孔質材料や，繊維質の材料であり，材料内に入射した音が内部の毛細管を伝搬

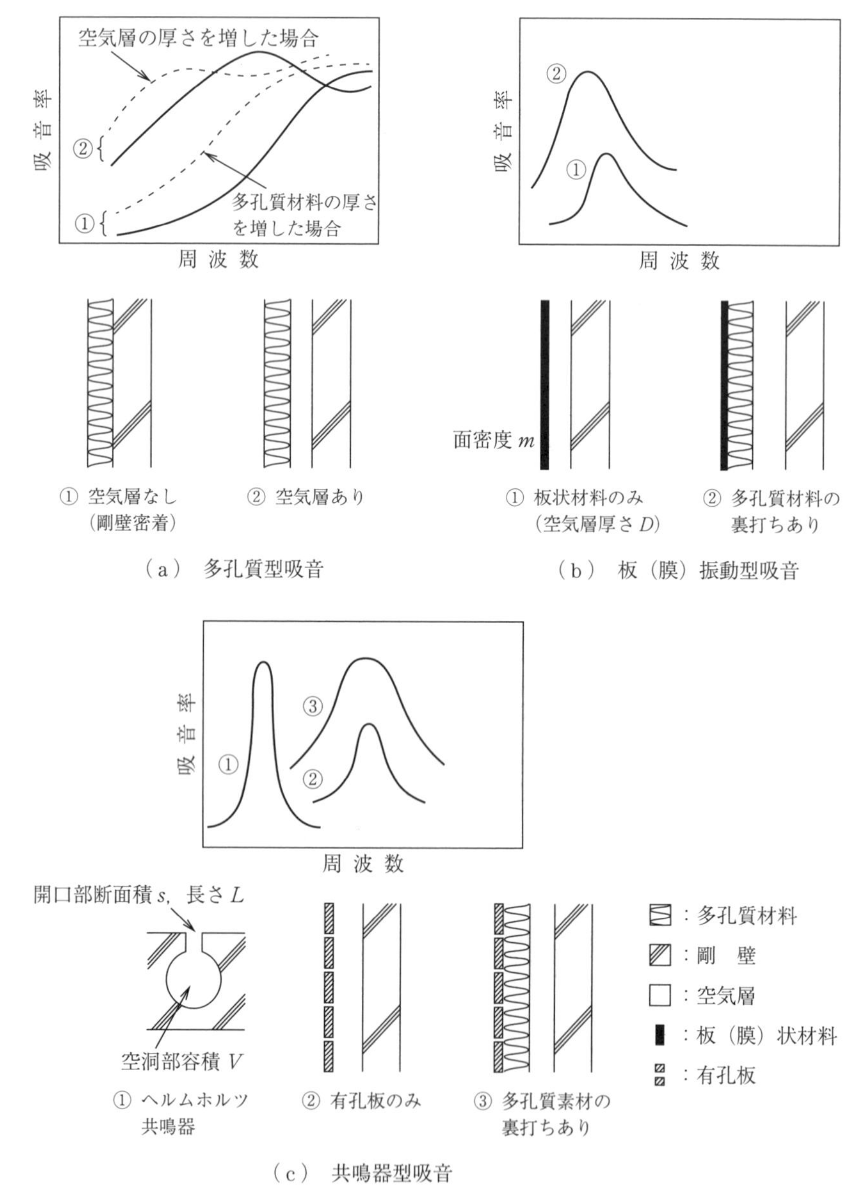

図 3.1　各種吸音機構の形態と吸音特性の概要

する際，粘性摩擦によって音エネルギーが熱に変換され吸収されるものである。古くから使われているグラスウールや，近年多用されるPETウールのような繊維系，ウレタンフォームなどのフォーム系が典型的である。技術の進展とニーズの多様化から，発泡アルミ材のような金属系多孔質や，粉末や細粒を固めた粒子状のものなど，一概に多孔質吸音材といってもさまざまなものが用いられるようになった。多孔質吸音材の吸音特性に関与する因子は後述するが，おもなものとしては**流れ抵抗**(空気の流通に対する抵抗)，**ポロシティ**(porosity，空隙率：内部の空隙の容積率）の影響が大きい。

3.1.3　板（膜）振動型吸音体

入射する音によって何らかの共振系を振動させ，その共振を利用して音エネルギーを振動エネルギーに変換して吸収する共鳴型吸音体のうち，板あるいは非通気性膜の振動を利用したものを板（膜）振動型吸音体と呼ぶ。板（膜）の質量と，背後の剛壁との間の空気層のばねが単一共振系を構成し，その共振周波数で著しい振動をすることで，振動系の有する損失によって音エネルギーが吸収される。吸収する機構はさまざまであり，板（膜）の周辺支持部での摩擦や，板（膜）表面，背後層内の吸音など音響的な要因も含まれる。板（膜）振動型吸音体は，通常は建築室内における内装材と背後の空気層によって意図せず形成されることが多いが，必要に応じて意図的に吸音体として構成される場合もある。また，近年では多孔質材料に代わる吸音体として種々の材料や構造を工夫したものが開発されつつある。なお，建築の内装レベルの大きさではあまり問題にならないが，小面積の板（膜）では板（膜）の固有振動の影響を考慮する必要もある。共振を生じて吸音を示す周波数は板（膜）の面密度（単位面積当りの重量）や背後層の厚さに依存するが，おおむね低音域にピークを生じる特性となる。背後層に多孔質材料を入れた場合は，より低音域になる。

3.1.4　共鳴器型吸音体

共鳴器型吸音体も振動系の共振を利用した吸音機構であるが，最も原始的な形状として，瓶（びん）や壺（つぼ）のようなものが原理的にわかりやすい。開口部（瓶のネックの部分）の空気が質量として，胴の部分の空気がばねとして働き，単一共振系が構成される。開口部の空気は共鳴周波数において著しい振動を生じ，内壁との粘性摩擦によってエネルギーの吸収が起きる。このような単純な形態の共鳴器は，これを研究したドイツの物理学者ヘルムホルツにちなんで**ヘルムホルツ型共鳴器**と呼ばれる。最も古くから用いられた吸音体としても知られ，中世の北欧の教会から発見された事例が研究されている。

しかし，スタジオなど小空間での固有モード制御などを除いて，上述のような共鳴器が使われることは少ない。多くの室内吸音処理では**有孔板**によって共鳴器型吸音体を構成する。この場合，有孔板の各孔と背後の空気層によってヘルムホルツ型共鳴器が構成されることになる。孔径，間隔（開孔率），板厚などのパラメータによって特性が大きく異なる。また，有孔板の背後には多孔質吸音材を挿入することが多い。単純なヘルムホルツ型共鳴器は多くの場合，低音域に吸音ピークを生じるが，有孔板の場合は一般的に中音域を中心とする吸音特性を示す。なお，開孔率が高いほど共鳴型の性質は失われ，20％を超えるとほとんど共鳴型の特性を示さず，背後に多孔質吸音材がある場合，その特性が支配的となるため，多孔質材料の表面仕上げとして用いられることが多い。

3.2　各種吸音材料の特徴と用法

3.1節では各種吸音材料の吸音機構や大略の特徴を述べたが，本節ではおのおのについてさらに詳しく特徴や一般的な用法を述べる。

3.2.1　背後構造の影響と吸音特性

吸音材料は多くの場合，建物躯体に対する内装材のように背後壁に設置，もしくは空気層を介して背後壁と平行に設置される形で用いられる。背後層および背後壁の形態や条件によって，吸音材料の吸音特性は大きく変化することが多く，設計の際には重要な検討事項である。また，共鳴型吸音機構にあっては，背後層の厚さによって共鳴周波数が変化するなど影響が大きい。その影響は，吸音機構ごとに異なるので，以下に分類して要点を示し，共鳴型についてはその共鳴周波数との関係について概説する。

〔1〕 **多孔質吸音材の場合**　多孔質吸音材の吸音は，空気の流れに対する粘性摩擦による抵抗であり，速度に比例して大きくなる。したがって，音波の粒子速度が大きい場所に設置したほうが効果的である（図 3.1 参照）。背後壁からの反射波により壁の前には定在波が生じているため，ある周波数に着目した場合，その波長の 1/4 およびその奇数倍の場所で粒子速度が高くなるので，その位置に設置することによって，当該周波数での吸音効果を最大にできる。

その結果，一般に高音域で高い吸音を示す多孔質吸音材でも，厚さを大きくすることで比較的低音域へ吸音帯域が広がる。また，背後空気層を設け，吸音対象の周波数帯域において吸音層の位置が背後壁から 1/4 波長となるようにすれば，低音域へ吸音帯域を広げることが可能となる。

〔2〕 **板（膜）振動型吸音体の場合**　板（膜）の面密度と背後空気層のばねで共振周波数が決まるので，板（膜）の面密度と空気層厚さは，共振周波数に直接的な影響を及ぼす。板（膜）振動型吸音体の共振周波数（吸音率のピーク周波数）f_r の近似式としては，古くから次式が知られている。

$$f_r=\frac{1}{2\pi}\sqrt{\frac{\rho c^2}{mD}}\ \text{〔Hz〕} \tag{3.1}$$

ここで，ρ は空気の密度，c は音速，m は板（膜）の面密度〔kg/m^2〕，D は背後空気層の厚さ〔m〕である。これは板（膜）の剛性を無視した場合の近似式である。板の剛性を考慮した場合の近似式としては，板の剛性を K〔kg/(m^{2}s^2)〕とした次式が知られている。

$$f_r=\frac{1}{2\pi}\sqrt{\frac{\rho c^2}{mD}+\frac{K}{m}}\ \text{〔Hz〕} \tag{3.2}$$

K の値は板の曲げ剛性に相当するが，板の支持条件や下地によっても変化するので，正確に予測することは難しい。実験的に求めたものや単純な仮定で求めたものもあるが，適用には注意を要する。膜の場合は剛性がないので無視できる。

なお，これらはいずれも，背後層が空気層の場合にのみ適用できるものである。また，近似式であるので，目安程度に考えておいたほうがよい。

背後層が空気層の場合，一般にあまり高い吸音率は得られないが，背後層に多孔質吸音材を挿入すると，吸音材料内を伝搬する際の損失によりピーク吸音率が高くなる。また，一般に吸音材料内は音速が遅いため共振周波数が若干低くなる。この場合の予測は容易ではないが，理論的な研究例はいくつかみられる。

なお，板（膜）を下地などの支持材に固定する方法によっても，吸音率が変化する。くぎ打ちなど板（膜）が比較的振動しやすい場合に比べ，接着剤によって密着固定した場合は吸音ピークが明瞭に出ないことがあるので，施工においても注意を要する。

〔3〕 **共鳴器型吸音体の場合**　　単一のヘルムホルツ型共鳴器の共振周波数 f_0 は，開口部分の空気と胴の部分のばねで決まり，次式となる。

$$f_0=\frac{c}{2\pi}\sqrt{\frac{s}{V(L+\delta)}}\ \text{〔Hz〕} \tag{3.3}$$

ここで，s は開口の断面積〔m^2〕，L はネックの長さ〔m〕，δ は**開口端補正**であり，通常は開口の直径を d として $0.8\,d$ が近似値として用いられる。V は空洞部の容積〔m^3〕である。

上記のとおり，単一共鳴器では開口部の断面積・長さと，空洞部の容積で共鳴周波数が決まる。有孔板の場合も共鳴器が多数配列されたものであるから同様に考えられる。したがって，開口の面積と長さ（有孔板の場合は厚さ）と，背後空気層の厚さが吸音特性に大きく影響する。その吸音特性の正確な予測は容易ではなく，実用的な予測式は確立されているとは言い難い。これまでにも共振周波数の近似計算式がいくつか提案されているが，一般には式 (3.3) と同様の考え方から導かれる次式が広く知られている。

$$f_0=\frac{c}{2\pi}\sqrt{\frac{P}{L(t+\delta)}}\ \text{〔Hz〕} \tag{3.4}$$

ここで，P は開孔率であり，孔面積の合計を板全体の面積で割ったものである。tは有孔板の厚さ〔m〕であり，単一共鳴器のネックの長さに相当する。この場合も，開口端補正δは孔の直径をdとして$0.8\,d$で近似される。

有孔板の場合，一般的には孔が大きいため有孔板だけでは音響抵抗が足りない場合も多く，背後層内に多孔質吸音材を挿入しないと高い吸音率を得られないことが多い。背後に多孔質吸音材を挿入した場合の予測は，さらに困難である。

3.2.2　表面仕上げなど

多孔質吸音材や通気性を有する材料を使用した表面の塗装仕上げでは，空気の通り道が塞がってしまい吸音性能の劣化を招く可能性があるため，配慮が必要である。多孔質吸音材の場合には，ガラスクロスや薄い布など通気性の素材を仕上げ材として表面に張ることが多いが，このとき接着剤を用いる場合は十分な通気性を確保するよう配慮が必要である。薄いフィルムで被覆する場合もあるが，その場合，フィルムの厚さや重さによって吸音特性が大きく変わるため注意を要する。

板（膜）振動型や有孔板の場合，塗装による影響は少ないと考えてよいが，布や通気性膜を貼るなど，通気性材料を併用した場合は表面の音響特性が変わるため，影響を生じることがある。また，孔を薄布など通気性素材で覆った場合は，音響抵抗が付加されるために吸音特性に影響が現れる。同様に非通気性素材で覆った場合は，孔が塞がれるために共鳴器としての効果が低下したり，付加質量として共振系の特性に影響したりすることがあるので注意を要する。

3.3　吸音率の測定方法

吸音率は吸音材料の性能を評価する最も基本的な物理量であり，その測定方法については規格（国際規格 ISO，国内規格 JIS など）によって定められているため，研究目的の場合などを除いて規格に則って測定評価することが求められる。

測定方法は大別して２つあり，１つは**音響管**と呼ばれる管を用いて**垂直入射吸音率**を測定する方法であり，**音響管法**（impedance tube method）あるいは管内法と呼ばれる。他方は**残響室**を用いて拡散音場における吸音率，すなわち**拡散入射吸音率**に相当する吸音率を求める**残響室法**（reverberation chamber method）である。以下，これらの原理について述べる。

3.3.1　音 響 管 法

音響管を使って平面波音場を形成し，垂直入射吸音率を測定する方法は２つある。１つは，**定在波法**（standing wave method）であり，古くから用いられてきた方法である。他方は，**伝達関数法**（transfer function method）あるいは**2 マイクロホン法**と呼ばれ，比較的新しい方法である。前者は高い測定精度を得ることが難しく煩雑であるのに対し，信号処理技術を用いた後者のほうが，短時間で高い精度で測定できるため，今日では主流となっている。しかし，原理として定在波法を理解しておくことは重要であるので，まず定在波法から述べる。

〔1〕　**定在波法**　　音響管を用いた定在波法による測定装置の例を**図 3.2** に示す。管の一端に設けたスピーカから純音を発生して管内に平面波を発生し，管端部に設置した材料からの反射波との干渉によって生じる定在波の，最大音圧と最小音圧（腹と節）を測定し，その比から材料の**複素音圧反射係数**，**垂直入射音響インピーダンス**を求めるものである。管内の定在波音場の音圧を測定

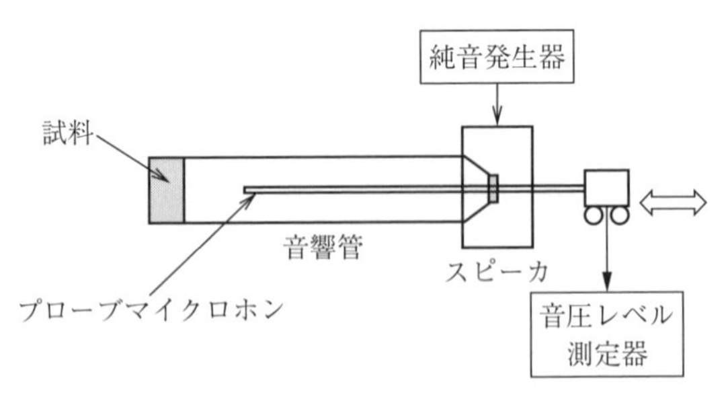

図 3.2　音響管を用いた定在波法による測定装置の例

するために，管内には移動できるプローブマイクロホンが設置されている。

式 (1.6) に示した平面波の一般式から，入射音圧を $p_i = A\cos(\omega t - kx)$ とおけば，反射音圧は $p_r = B\cos(\omega t + kx + \varphi)$，ただし，$\varphi$ は試料表面での反射に伴う位相差として表せる。このとき管内の定在波は $p_i + p_r$ で表せる。

これは位置 x によって変化するが，最大値は $A+B$，最小値は $A-B$ となり，これを管内のマイクロホンを移動させて測定する。ここで，両者の比 $\gamma = (A-B)/(A+B)$ を**定在波比**と呼び，これを求めることで垂直入射吸音率 α_n が次式により得られる。

$$\alpha_n = 1 - \left(\frac{B}{A}\right)^2 = 1 - \left(\frac{\gamma - 1}{\gamma + 1}\right)^2 \tag{3.5}$$

また，最大値，最小値の現れる位置 x も測定することで，位相差 φ を得ることができ，位相情報を含む複素音圧反射係数や，試料表面の音響インピーダンスを得ることが可能である。

なお，後述の伝達関数法でも同じであるが，管内の音場を平面波音場に保つため，周波数に応じて，通常は 2 種類の太さの管を用いる。50 ～ 1 600 Hz では直径 100 mm，500 ～ 6 400 Hz では直径 29 mm が用いられる。

〔2〕 **伝達関数法**　管内に平面波を発生して，管端部の材料からの反射によって定在波音場を管内に形成する点では同じであるが，直接的に音圧分布を測るのではなく，管内の 2 点での音圧から 2 点間の伝達関数を測定し，材料の諸特性を求めるのが伝達関数法である。**図 3.3** に伝達関数法による測定装置の概要を示す。装置としては定在波法と似ているが，マイクロホンを 2 点に設置する。スピーカからは広帯域ノイズを発生し，2 点のマイクロホンで受音した

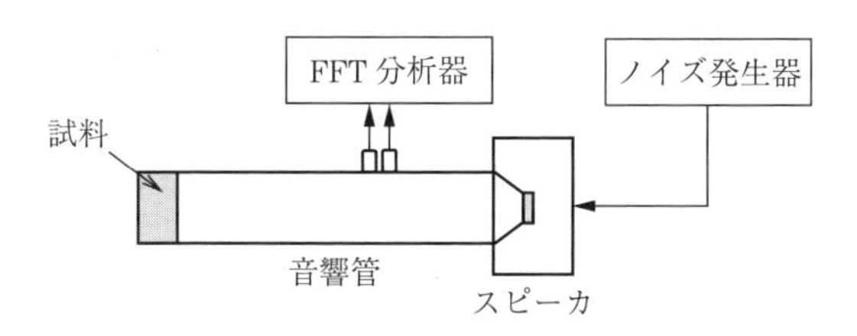

図 3.3　伝達関数法による測定装置の概要

信号をフーリエ変換し，2点間の伝達関数 H_{12} を算出する。

上記の方法で求めた伝達関数 H_{12} より，垂直入射吸音率は以下のように求められる。

$$\alpha_n = 1 - |r|^2 \tag{3.6}$$

ただし

$$r = \frac{H_{12} - \exp(-jks)}{\exp(jks) - H_{12}} \exp(2jkx_1) \tag{3.7}$$

である。

ここで，x_1 は試験体基準面（表面）と，遠いほうのマイクロホンの距離，s は2つのマイクロホンの距離，k は波数である。

このとき，2つのマイクロホンの感度などの特性が揃っていることが必要であるが，厳密に揃っていなくても2つのマイクロホンを入れ替えて平均値をとる，あるいは1つだけのマイクロホンで2点を順次測定するなどの方法で対処することも可能である。

3.3.2 残響室法

音響管法が垂直入射吸音率を求めるのに対し，残響室法は拡散音場を模擬した残響室内に設置した試料の有無による残響時間の変化から，材料の吸音率を求める方法であり，これによって求めた吸音率を残響室法吸音率と呼ぶ。建築音響での実用面を考えると，現実に近い状況での吸音特性であることから，設計データなどとして用いられることが多い。ただし，正確な測定のためには一定以上（JIS A 1409によれば約10 m^2 程度以上）の面積の試料が必要であるため，試作段階などでの検討では音響管法のほうが便利である。

2.3節に述べたとおり，完全拡散音場とみなせる残響室では，残響時間は室の吸音力に反比例して変化する。ここでは，完全拡散音場では厳密解となる**セイビン**の残響公式を用いて，残響室法吸音率を求める方法を述べる（**図3.4**）。

残響室の容積を V〔m^3〕，表面積を S〔m^2〕，平均吸音率 $\bar{\alpha}$，空室時の残響時間を T_0 とすると，セイビンの残響公式から次式の関係を得る。

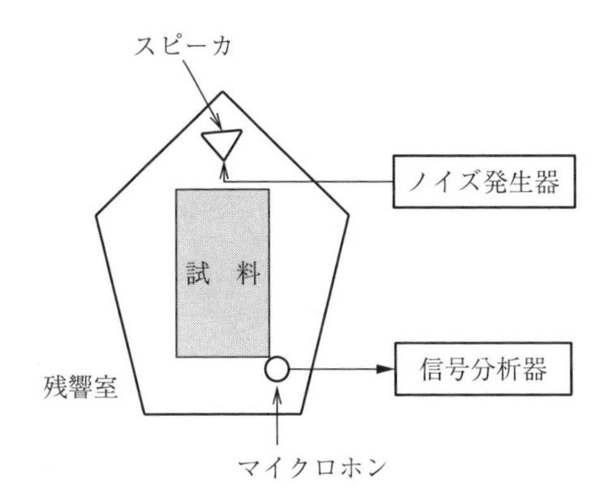

図 3.4 残響室法吸音率の測定

$$T_0=\frac{KV}{S\bar{\alpha}} \tag{3.8}$$

ここに，面積 S_m，吸音率 α_m の試料を入れたとき，その残響時間 T_m はつぎのように表せる。

$$T_m=\frac{KV}{(S-S_m)\bar{\alpha}+S_m\alpha_m} \tag{3.9}$$

これらの式を未知数 α_m について解けば，次式が得られる。

$$\alpha_m=\frac{KV}{S_m}\left(\frac{1}{T_m}-\frac{1}{T_0}\right)+\bar{\alpha} \tag{3.10}$$

ここで，多くの場合 $\bar{\alpha}$ は非常に小さいため，無視されることが多い。JIS では，残響室については V が 150 m^3 以上との規定があり，試料面積についても上述のような基準がある。容積については，残響室の拡散性を確保するためである。試料面積については，面積効果と呼ばれる試料面積が小さいときに吸音率が高めに出る現象を避けるためである。その他，測定点の数，測定回数などの規程がある。

なお，セイビンの公式に代えて，**アイリング**の公式を用いても同様に求めることができ，例えば，残響室の拡散性が十分でない場合などに使用することがある。

3.4 吸音率の予測方法

吸音材料の吸音率の予測方法については，基本的には吸音材料表面の比音響インピーダンス比を得て，式 (1.29) から吸音率を求めることになる。それぞれの項目で簡単に触れたが，板（膜）振動型や共鳴器型の場合は，これは非常に複雑な問題となるので省略して文献 1) に譲ることとし，ここでは一般的な多孔質吸音材について実用的に広く用いられている方法を紹介する。

3.4.1 吸音材料の特性インピーダンスおよび伝搬定数

多孔質吸音材の場合にまず必要なのは，その材料の**特性インピーダンス**と**伝搬定数**を求めることである。これには材料のタイプに応じて多数のモデルが提案されているが，最も実用的で簡便な **Miki の式**を中心に述べる。

〔1〕 **Miki の式**　Miki の式[1)～3)]は，多孔質材料，特に主として**繊維系材料**（fibrous material）の**流れ抵抗**（flow resistance）（一般に単位厚さ当りの値として，**流れ抵抗率**（flow resistivity）と呼ぶことが多い）のみで，その特性インピーダンス $z_s(f)$ と伝搬定数 $\gamma(f)$ を予測する式である。もとは，Delany と Bazley が多数の実測データをもとに提案した実験式が広く用いられていたが，条件によって特性インピーダンスの実数部が負になる問題がある。Miki は，この問題について改良した予測式を発表した。そのため，Delany-Bazley-Miki モデルと呼ばれることも多い。

$$z_s(f)=1+0.070\left(\frac{f}{R_f}\right)^{-0.632}-j0.107\left(\frac{f}{R_f}\right)^{-0.632},$$
$$\gamma(f)=k\left[0.160\left(\frac{f}{R_f}\right)^{-0.618}\right]+jk\left[1+0.109\left(\frac{f}{R_f}\right)^{-0.618}\right] \tag{3.11}$$

ここで，f は周波数〔Hz〕，k は空気中の波長定数，R_f は材料の単位厚さ当りの流れ抵抗〔$\mathrm{Pa{\cdot}s/m^2}$〕である。なお，一般に伝搬定数は複素数となり，$\gamma=\alpha+j\beta$ と表され，α は減衰定数と呼ばれる。材料内部の波数 k_s との関係は $k_s=j\gamma$ となる．また，式 (3.11) は ρc で正規化したものであり，特性インピーダンスは$Z_s=\rho c z_s(f)$となる。適用範囲としては，材料のポロシティが高いことが前提であり，さらに適用できる周波数範囲，流れ抵抗の範囲があるが，多くの場合は目安として十分な程度の値が得られるので，広く用いられている。特に，繊維系の材料には適用性が高い。

流れ抵抗測定については，**図 3.5** のような装置を用いて管内に設置した試料に空気流（流速 v）を送り，試料両側の差圧 ΔP を測定し，流れ抵抗の定義（$R=\Delta P/v$）に基づいて流速で割って求める。この方法を**直流法**または **DC 法**（direct current method）と呼ぶ。この測定では一定方向への均一な空気流で行うが，実際の音波による空気流は時々刻々流れの方向が反転し，平均すれば流速は 0 ということになる。したがって，測定においてもできるだけ流速の小さい条件で測定することが望ましい。したがって，ISO では流速 0.000 5 m/s で測定することとなっている。これが難しい場合は，一定の流速だけでなく徐々に流速を下げながら差圧を測り，その関係をグラフにプロットして流速 0.00 5 m/s のときの差圧を外挿して求めることが多い。なお，ISO では音波と同様に向きが反転する流れ（交番流）を用いる方法も示されており，**交流法**または **AC 法**（alternate current method）と呼ぶが，ここでは省略する。

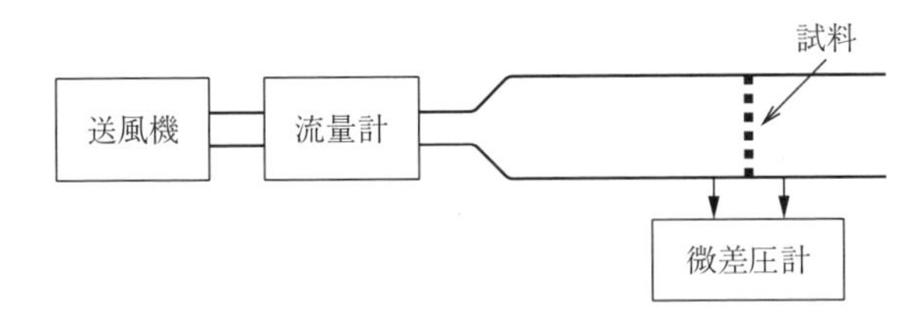

図 3.5　流れ抵抗測定の概要

上記の Miki の式では，単位厚さ当りの流れ抵抗（流れ抵抗率）を用いるので，測定に用いた試料の厚さで割る必要がある。一方，通気性膜材料や布などの薄いものについては，厚さで割らず，その材料全体での流れ抵抗を求めて使用することが多い。この場合は，前述の単位厚さ当りの流れ抵抗率に対して，単に流れ抵抗と呼ぶ。

〔2〕 **その他のモデル**　Miki の式は，使用するパラメータが材料の流れ

抵抗だけという簡便な式であり，便利ではあるが，より精密なモデルとして流体力学などを基礎としてこれまでに多くの多孔質モデルが提案されてきた。多孔質材料の気泡以外の部分，すなわち骨格が剛であると仮定したモデルも多数あるが，その弾性的挙動まで考慮した古典的な**Biot 理論**が知られており，そこで用いられるパラメータを利用して内部流体の特性を記述する**JCA モデル**[2)]（Johnson-Champoux-Allard モデル）が現在最も適用性の広いモデルとして知られている。ただし，このモデルは使用するパラメータが多く，かつその同定が難しいものもあり，適用にはさまざまな高度な測定技術や理論的知識を要する。

3.4.2　吸音材料の吸音率 1：垂直入射および斜め入射の場合

上述の方法により材料の特性インピーダンス Z_s と伝搬定数 γ（波数 k_s）が求まれば，それらを用いて材料表面の比音響インピーダンスから式（1.29）によって，吸音率を求めることができる。

図 3.6 のように厚さ D の多孔質吸音層に平面波が垂直に入射する場合，この多孔質吸音層の入射側表面のインピーダンス Z_a を求める．まず，入射波の音圧 p_i および反射波の音圧 p_r を次式のように表す。

$$p_i = P_i \exp[j(\omega t - kx)] \tag{3.12}$$

$$p_r = P_r \exp[j(\omega t + kx)] \tag{3.13}$$

このとき，連続条件を考えれば，吸音層表面（$x=0$）の左側（音圧 p_i，粒子速度 v_i）と右側で音圧と粒子速度はそれぞれ等しく，吸音層表面の右側（$+x$ 側）の音圧（p_i+p_r）と粒子速度（v_i-v_r）をそれぞれ p_1，v_1 とし，さらに吸

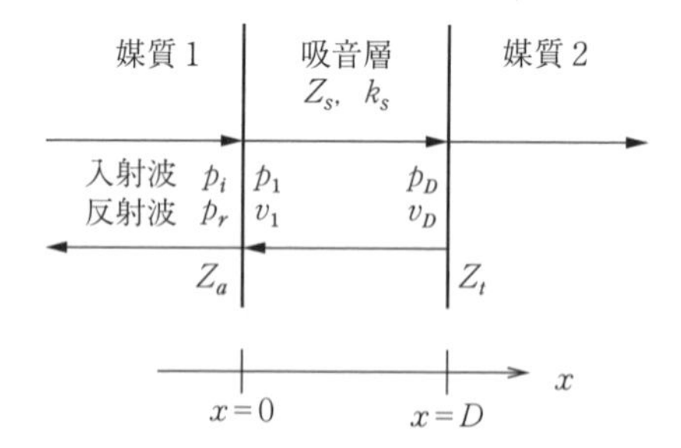

図 3.6　吸音層に平面波が垂直に入射する場合

音層内の右端の境界面（$x=D$）の音圧を p_D, v_D とすると $x=0$ において次式が成り立つ[1)]。

$$\begin{Bmatrix} p_1 \\ v_1 \end{Bmatrix} = \begin{Bmatrix} p_i + p_r \\ v_i - v_r \end{Bmatrix} = \begin{bmatrix} \cos(k_s D) & j\dfrac{\omega\rho_s}{k_s}\sin(k_s D) \\ j\dfrac{k_s}{\omega\rho_s}\sin(k_s D) & \cos(k_s D) \end{bmatrix} \begin{Bmatrix} p_D \\ v_D \end{Bmatrix} \tag{3.14}$$

ここで，k_s は吸音層内での音波の波数，ρ_s は吸音層の実効密度と呼ばれる量であり，多孔質吸音材を音響的に等価な流体媒質に置き換えたときの密度と考えてよい。式 (3.14) を解いて吸音層表面（左側）での音圧と粒子速度の比を求めれば，吸音材料表面の音響インピーダンス Z_a は，表面での音圧と粒子速度の比であるから，次式となる。

$$Z_a = \frac{-jZ_s Z_t \cot(k_s D) + Z_s^2}{Z_t - jZ_s \cot(k_s D)} \tag{3.15}$$

ここで，Z_t は背後の媒質の表面インピーダンス（**終端インピーダンス**）であり，これを無限大とすれば，剛壁に多孔質吸音層を密着した場合（図 3.6 において $x=D$ の境界面が剛壁である場合）の吸音層表面のインピーダンスとなり，次式のようになる。

$$Z_a = -jZ_s \cot(k_s D) \tag{3.16}$$

Z_a が得られれば，これを空気の特性インピーダンスで正規化した $z_a = Z_a/(\rho_0 c_0)$ を用いて，吸音率は式 (1.29) から与えられる.

以上は，平面波垂直入射の場合であり，垂直入射吸音率を求める方法であるが，斜め入射の場合は**局所作用**（local reaction）を仮定することにより同様に求めることができる。局所作用とは，**図 3.7** に示すように斜めに入射した音波が，吸音層内部では法線方向に伝搬することを仮定するものであり，比較的薄い吸音材ではよい近似を与える。また，そうでない場合も第 1 近似としてしばしば用いられる。

局所作用を仮定する場合，式 (3.16) は下記のように入射角 θ を含んだ形で表される。

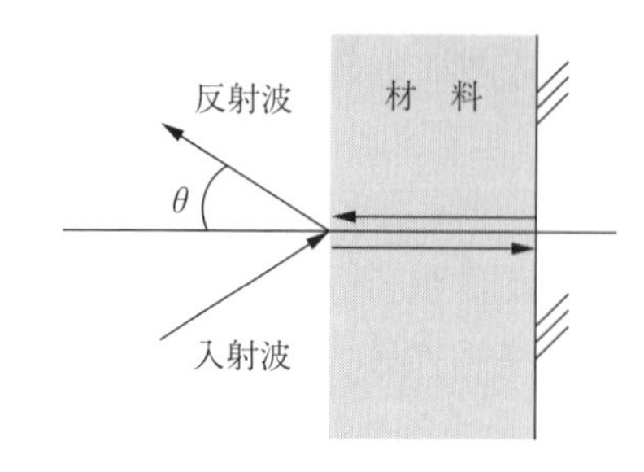

図 3.7　局所作用の仮定

$$Z_a = -j\frac{Z_s}{\cos\theta}\cot(k_s D\cos\theta) \tag{3.17}$$

これを用いて，同様に式（1.29）から斜め入射吸音率 α_θ が得られる。

なお，他の吸音材料，例えば板（膜）振動型吸音体や有孔板の場合であっても，背後層を含む吸音材料の表面の音響インピーダンスが得られれば，式（1.29）から吸音率を得ることができる。

3.4.3　吸音材料の吸音率 2：乱入射の場合

建築室内をはじめとする実際の空間において吸音材料を使用する場合，入射音波はさまざまな方向からランダムに入射することが多い。特に，室内音場は通常は拡散音場を仮定して取り扱うので，これに対応した入射条件で吸音率を求めることが必要となる。これは，**乱入射吸音率**（**拡散入射吸音率**）と呼ばれるが，計算により求める場合は，まず 3.4.2 項で述べたように**斜め入射吸音率** α_θ を求め，入射角を一定の範囲で平均して求める。入射角について平均する範囲が 0 ～ 90° の場合は**統計吸音率**，0 ～ 78° の場合は**音場入射吸音率**と呼ばれる。後者は，通常の室内音場では 90° 付近からの入射エネルギーが少ないことを考慮して提案されたものである。吸音材料の形状や特性にもよるが，**残響室法吸音率**と対応がよいといわれている。

入射角について平均するには，つぎの式を用いる。

$$\alpha_r = \frac{\int_0^{\theta_L} \alpha_\theta \sin\theta\cos\theta\, d\theta}{\int_0^{\theta_L} \sin\theta\cos\theta\, d\theta} \tag{3.18}$$

ここで，積分の上限 θ_L を $\pi/2$（$=90°$）とすれば統計吸音率となり，その場合，上式はさらに簡単になり

$$\alpha_r = 2\int_0^{\pi/2} \alpha_\theta \sin\theta \cos\theta \, d\theta \tag{3.19}$$

となる。また，式（3.18）で積分の上限を78°とすれば，音場入射吸音率となる。

3.5 新しい吸音材料

吸音処理のためには，グラスウールのような繊維系材料を中心に多孔質材料が広く用いられてきた。しかし，1980年代後半からヨーロッパを中心に，多孔質，特に繊維系材料を避けて，それ以外の吸音機構を使った吸音材料を開発する研究が盛んになった。理由としては，特にグラスウールなど繊維系材料から生じる粉じんの発生など衛生面の問題，耐久性が低いこと，またリサイクル性が低いということである。これらのことから，板（膜）振動型や共鳴器型を応用し，上記の問題を解消した吸音材料が各種提案され，「次世代吸音材料」などと呼ばれた。

現在，その中でも特に広く用いられているのは，**微細穿孔板**（microperforated panel，**MPP**）や膜材料である。ここでは，特に前者について少し詳しく紹介しておく。

〔1〕 微細穿孔板（MPP）　板に孔をあけて背後空気層と共鳴器を構成する手法は，一般的な有孔板として広く使われてきたことを前述した。この場合，孔の直径は通常数mm程度であり，開孔率も数%～数十%，厚さも数mm以上のものが一般的である。これに対し，1970年代中頃に中国のD-Y. Maaは直径1mm以下，開孔率1%以下，板厚も1mm以下の細かい開孔を施した薄板を用いた吸音材料を提案し，その設計手法として理論的な整備も行った。MPPの一例（金属製MPP）として写真を**図3.8**に挙げておく。

3.2.1項で述べたとおり，共鳴器型吸音体では孔の部分における空気の粘性摩擦が吸音性能に大きく関与しているが，一般的な有孔板では孔が大きいため

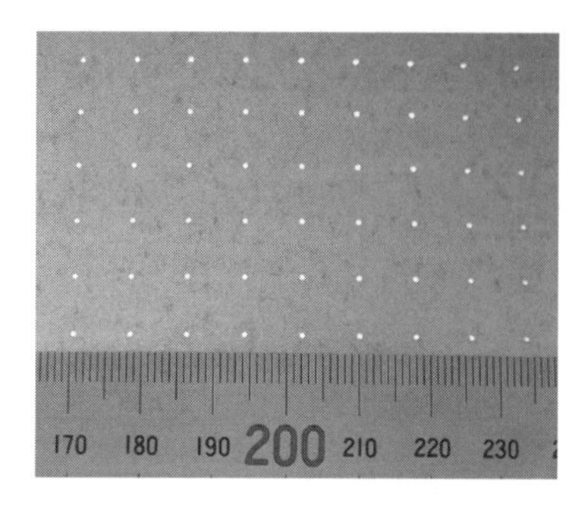

図 3.8　MPP の一例（金属製 MPP）

音響抵抗が小さく，かつ音響リアクタンスが大きいという難点があり，単体では高い吸音率が得られないため，背後層に抵抗分を補う多孔質吸音材を挿入するなどの配慮が必要であった。これに対し，Maa の提案では孔径を小さくすることで孔の粘性摩擦を大きくして音響抵抗を増やし，板厚を小さくすることで孔内部の空気の質量を減らしてリアクタンス分を小さくしている。MPP 吸音体の構造や構成自体は，通常の有孔板吸音体とまったく同じである。MPP 自体のインピーダンスとしては，開孔率を考慮して平均値として求め，吸音体として最適な値とすることを実現している。

孔の摩擦抵抗の予測式の導出は，流体力学をもとにしたもので本書の範囲を超えるため，以下に MPP のインピーダンスとして Maa が提案している設計用の計算式を挙げておく。r は実数部，ωm は虚数部であり，$r+j\omega m$ が MPP の比音響インピーダンスとなる[4]。

$$r=\frac{32\eta t}{p\rho_0 c_0 d^2}\left(\sqrt{1+\frac{k^2}{32}}+\frac{\sqrt{2}}{8}k\frac{d}{t}\right) \tag{3.20}$$

ただし，$k=d\sqrt{\omega\rho_0/(4\,\eta)}$ である。

$$\omega m=\frac{\omega t}{p c_0}\left(1+\frac{1}{\sqrt{9+k^2/2}}+0.85\frac{d}{t}\right) \tag{3.21}$$

ここで，d は孔の直径，t は板の厚さ，p は開孔率，ρ_0 は空気の密度，c_0 は空気中の音速，η は空気の粘性係数（$=17.9\,\mu\text{Pa·s}$），ω は角周波数（$=2\pi f$）である。これを用いると，吸音率は次式で与えられる。

$$\alpha_\theta = \frac{4\,r\cos\theta}{(1+r\cos\theta)^2+[\omega m\cos\theta-\cot(\omega D\cos\theta/c_0)]^2} \tag{3.22}$$

ここで，D は背後空気層の厚さ，θ は入射波の入射角である。

一般的な MPP 吸音体の構造（断面図）は，**図 3.9** に示すとおり基本的には普通有孔板と同じであり，背後に空気層を設けて剛壁に対して平行に設置することで，微細孔と空気層による共鳴器を形成するものである。

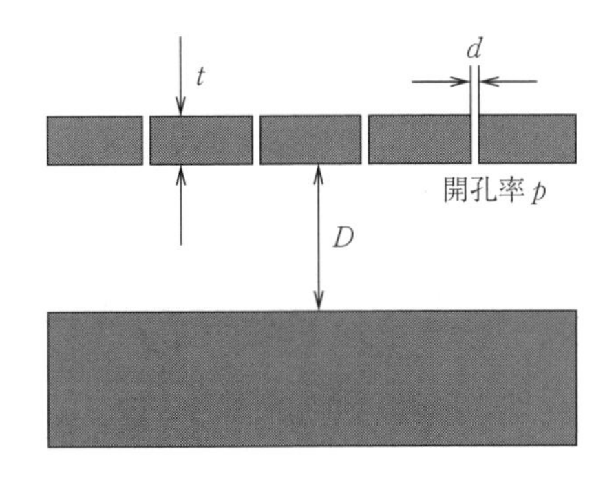

図 3.9 一般的な MPP 吸音体の構造（断面図）

MPP を利用した吸音体や吸音構造は各種多様なものが提案されており，ダクトの消音器への応用や，内装材として利用せず**空間吸音体**，すなわち壁面などに装着するのでなく天井から吊り下げる，あるいは床に置くなどして利用するものなど，多数の研究がある。短所としては，有効な性能を得るには適度に薄い必要があるため，十分な強度が得にくく，内装材として使用する場合，使用者が触れるような壁面には使用しにくい点である。そのため，手の届かない部分や，天井面などに応用されることが多い。また，孔があいているため，現在の建築関係諸法令では内装制限に抵触する可能性が高く，耐火試験などによって個別に認定されない限り，日本国内では内装材として実用に供するのは難しい。その場合を想定して，形状を適切に工夫するなどして，空間吸音体や家具・什器として利用する研究も多数行われている。

また，あくまで共鳴器型であるため共鳴周波数を中心とした選択的吸音特性となるので，吸音周波数帯域の拡張が課題であり，多重構造化，背後層の工夫，特性の異なる MPP 吸音体の並列配置など，各種の検討が行われている。

〔2〕 **膜材料**　膜材料自体は比較的古くから使用例があり，1950年代の教科書にも言及されている。また，類似の材料として布などが吸音材料として使われることもあり，吸音カーテンなどの用法が知られていた。近年まで多くの専門書などで解説されているが，最近特に多く取り上げられる機会が増えたのは，まず膜構造建築物が広く建てられるようになり，建築材料として耐火性も含めて耐久性，強度などが向上したことに加え，近年になって多種多様な材料による膜材料や膜として扱える織物や不織布などの材料が開発され，上述のように多孔質材料に代わる素材として注目されるようになったためである。

膜材料には，非通気性（空気を通さない）と通気性（空気を通す）があり，まったく異なる吸音特性を示す。前者は，通常は背後に空気層を設けて，前述の板（膜）振動型吸音機構で，共鳴周波数における選択的吸音特性を示す。他の板（膜）振動型吸音と同様に主として低音域を吸音するが，近年開発されているものでは非常に薄い軽量な膜を使うことで，かなり高い周波数まで吸音するものも提案されている。後者は，流れ抵抗による音響抵抗（この場合，膜は薄いので単位厚さ当りではなく，膜自体の流れ抵抗〔Pa·s/m〕）により，多孔質型に近い中～高音域の吸音を示す。この場合も，背後に空気層を設けるのが通常であるが，**吸音カーテン**のように室内にぶら下げるような形で使用したり，適当な形状で空間吸音体として利用したりする提案もある。通気性の場合は，主として流れ抵抗によって吸音性能が決まり，設置状態によって変化はあるが最適値が存在するため，適切な値のものを選ぶことが肝要である。

3.6 壁体による空気音の遮音

遮音は，1章で述べた透過に対して，これを低減することが目的である。これによって，静穏な環境の確保，プライバシーの保護など，建築空間の音環境として基本的な性能を得ることができる。透過については，1章ではその現象的なメカニズムを述べていないが，建築壁体の音響透過について考えれば，入射音によって壁体が振動し，透過側へ放射されることによって生じる。流体媒質であれば，その中を音波が伝搬するのであるが，壁体の透過については実質的には音波という外力による壁体の振動から生じる放射音ということになる。したがって，壁体の振動特性に関与するさまざまな要因が影響を及ぼし，音場との相互作用の考慮を要する場合もあり，いわゆる音響振動連成問題として複雑な取扱いを要する場合がある。ここでは，壁体による音の透過を，最も単純な条件で取り扱い，遮音に対する基礎的な事項を述べることにする。

3.6.1　単層壁の音響透過 ― 質量則について ―

図 3.10 に示すような無限大の単層壁があり，この板に平面波が垂直に入射するときの遮音について考える。また，壁は弾性振動をせずピストン的な振動をするものと考える。入射波，反射波，透過波の音圧をそれぞれ p_i，p_r，p_t とし，壁の単位面積当りの質量（面密度）を m とすると，この壁の両面の音圧差を外力とし，壁の振動速度を v として，つぎのように運動方程式が書ける[4)]。

$$(p_i+p_r)-p_t=m\frac{dv}{dt} \tag{3.23}$$

ここで，周期的定常問題とすれば，$dv/dt=j\omega v$ であるから，次式となる。

$$(p_i+p_r)-p_t=j\omega mv \tag{3.24}$$

また，壁の振動速度 v は壁表面での透過音の粒子速度と等しいことを考慮すれば，$p_t=\rho cv$ となる。したがって

$$p_i-p_r=p_t=\rho cv, \quad \therefore\ \frac{p_i}{\rho c}-\frac{p_r}{\rho c}=\frac{p_t}{\rho c}=v \tag{3.25}$$

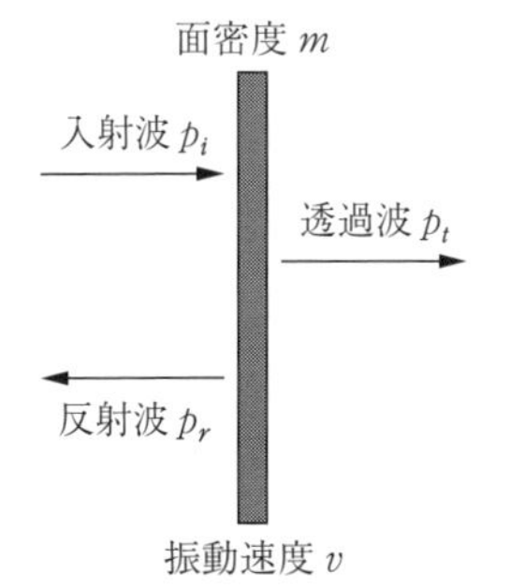

図 3.10　単層壁の遮音

が成り立つ。これを p_i/p_t について解けば，$p_i/p_t=1+j\omega m/(2\rho c)$ となるので，**音響透過損失**は

$$R=10\log\left|\frac{p_i}{p_t}\right|^2$$

$$=10\log_{10}\left[1+\left(\frac{\omega m}{2\rho c}\right)^2\right]\approx 10\log_{10}\left(\frac{\omega m}{2\rho c}\right)^2\approx 20\log_{10} fm-43 \qquad (3.26)$$

となる（上式では，一般に $(\omega m)^2 \gg (2\rho c)^2$ であることを考慮して1を無視して近似した）。

このように，壁の面密度と周波数で音響透過損失が決まり，周波数あるいは面密度が2倍になると音響透過損失が6 dB増加するということが示される。これを，単層壁の**質量則**（mass law）という。上記では垂直入射に限定したが，斜め入射の場合には，v に $\cos\theta$ を掛けることで同様の式が得られる。ただし，最終的な結果は上記のように単純にはならない。また，実際の室内音場のようにランダムに音波が入射する場合，吸音率に対する式（3.18）と同じ式を用いて斜め入射に対する透過率を入射角 $0\sim\pi/2$ で平均することによって拡散音場に対応する値が得られる。実際の室では入射角 $\pi/2$ 付近の入射が少ないことを考慮して，78°までで平均した**音場入射透過損失** R_{field} が広く用いられるが，これは垂直入射質量則から得た透過損失 R に対して，$R_{\mathrm{field}}=R-5$〔dB〕で近似的に得られる。**図3.11**に，質量則による音響透過損失の比較を示す。

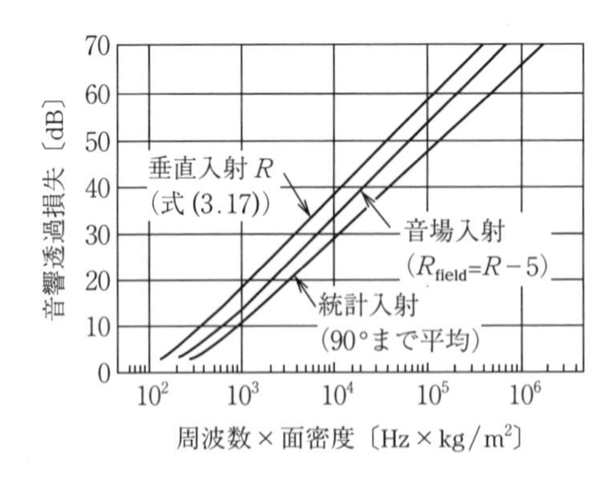

図3.11　質量則による音響透過損失の比較

最終的に得られた質量則からは，2つのことがわかる。すなわち，① 低音域ほど音響透過損失が低い（遮音性能が悪い），② 壁は重いほうが音響透過損失が高い（遮音性能がよい）ということである。したがって，低音域が基本的には遮音問題の焦点となることと，壁の重量で決まる音響透過損失をいかに向上させるかの工夫をすることが，課題となる。

3.6.2 コインシデンス効果

3.6.1 項での考察は，壁が弾性を持たずピストン的な挙動で振動し，曲げに対する反力を生じない，すなわち**屈曲振動**を生じないものと仮定している。しかし，実際の壁体は弾性的挙動を示し入射音波によって屈曲振動を生じる。この場合，弾性体である壁は**曲げ剛性**（$D=Eh^3(1+j\eta)/[12(1-\nu^2)]$，ここで，$E$ はヤング率，h は壁の厚さ，η は損失係数，ν はポアソン比）を有し，これによって外力に対して板には**屈曲波**（bending wave）と呼ばれる波動が生じて，板の中を伝搬することになる。その自由伝搬速度 C_b は曲げ剛性を考慮して次式で表される。

$$C_b=\left[2\pi hf\sqrt{\frac{E}{12\rho_p(1-\nu^2)}}\right]^{1/2} \tag{3.27}$$

ここで，ρ_p は壁材の密度である。入射角 θ で入射した平面波は壁体上では $\lambda_\theta=\lambda/\sin\theta$ を波長とする圧力変動を生じるが，これによって強制的に生じた屈曲波の伝搬速度が式（3.27）の C_b と一致したときに，壁は最も効率よく振動する。その結果，透過音が増大し音響透過損失が低下する。

したがって，この条件を満たす入射角，周波数で，壁体は音響透過損失が低下し遮音性能が悪化する。これを**コインシデンス効果**（coincidence effect）（**図 3.12**）と呼ぶ。また，それが生じる周波数をコインシデンス周波数と呼び，次式で表される。

$$f_\theta=\frac{c^2}{2\pi h\sin^2\theta}\sqrt{\frac{12\rho_p(1-\nu^2)}{E}} \tag{3.28}$$

コインシデンス周波数は入射角とともに低下するが，入射角 $\pi/2$ のときに

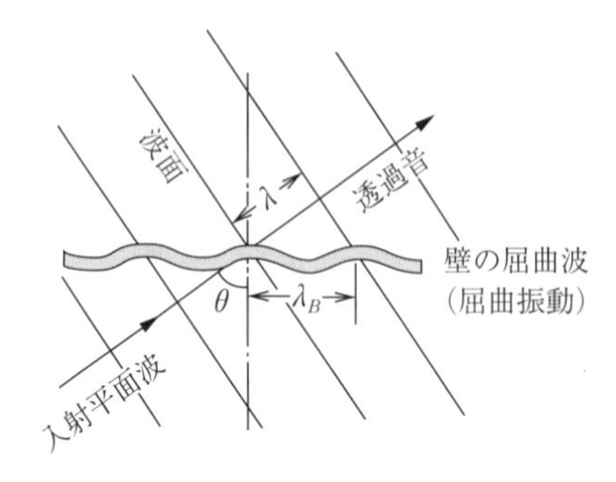

図 3.12　コインシデンス効果

最も低くなる。このときのコインシデンス周波数を**コインシデンス限界周波数** f_c と呼び，次式で表される。

$$f_c = \frac{c^2}{2\pi h}\sqrt{\frac{12\rho_p(1-\nu^2)}{E}} \tag{3.29}$$

遮音性能は，この f_c より高い周波数では質量則より大幅に低下することになる。**図 3.13** に各種材料の音響透過損失と質量則を示す。図ではすべて同じ質量（面密度 55 kg/m^2）に揃えてあるが，材料によって，異なる周波数でコインシデンス効果のため質量則から外れて音響透過損失が低下する様子がみられる。この例でゴムの場合に明確なコインシデンス効果が出ていないのは，材料が持つ内部損失が大きい，すなわち**損失係数**（loss factor）が大きいため屈曲振動が抑制されているためである。コインシデンス効果の生じる周波数領域では，材料の損失係数が大きな影響を持つ。

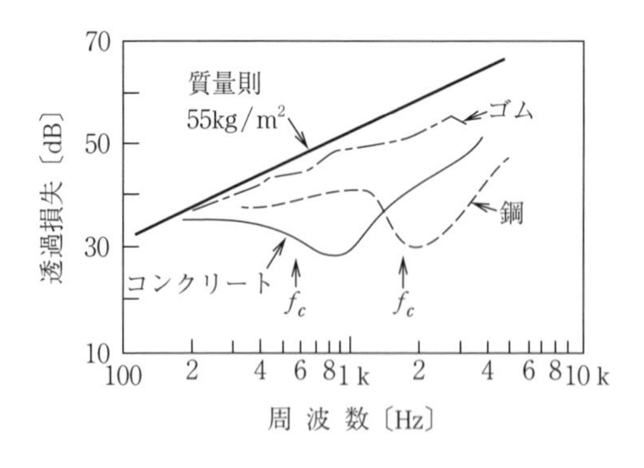

図 3.13　各種材料の音響透過損失と質量則

3.6.3　二重壁の遮音

質量則によれば，単層壁の場合は壁の重量を2倍にしても音響透過損失は6 dB増えるだけである。例えば，いま透過損失20 dBの壁があったとすると，この壁の厚さを2倍にしても音響透過損失は6 dBしか増えないということになる。しかし，もう1枚同じ壁を少し離して設置して二重にすると，単純計算ではあるが20 dB＋20 dBで40 dBの音響透過損失になる可能性があると考えられる。このことから，厚さや重さを2倍にするよりも，壁を二重にするほうが一般的に遮音上効果的であると期待される。現実的には2つの壁を完全に独立させることはほとんど不可能なので，構造上さまざまな配慮が必要となる。

以下では二重壁の遮音特性の原理を紹介するため，最も単純な条件である，ピストン振動する無限大板が**図3.14**のように**二重壁**を構成し，平面波が垂直入射する場合の音響透過損失の理論的導出について概略を述べる。

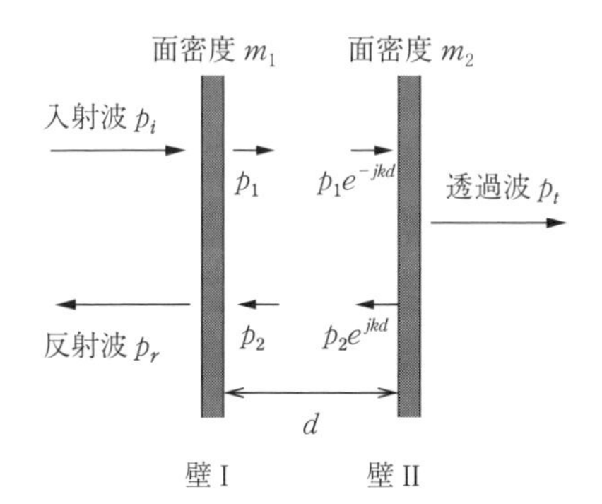

図3.14　二重壁の遮音

まず，壁I, IIそれぞれについて，両面の音圧差を外力とする運動方程式と，壁表面での粒子速度の連続の式を，以下のように立てる。壁Iについては

$$(p_i+p_r)-(p_1+p_2)=Z_{w_1}\frac{p_i-p_r}{\rho c} \tag{3.30}$$

$$(p_i-p_r)-(p_1-p_2)=0 \tag{3.31}$$

壁IIについては

$$(p_1 e^{-jkd}+p_2 e^{jkd})-p_t e^{-jkd}=Z_{w_2}\frac{p_t e^{-jkd}}{\rho c} \tag{3.32}$$

$$(p_1 e^{-jkd} - p_2 e^{jkd}) - p_t e^{-jkd} = 0 \tag{3.33}$$

ここで，k は波長定数，Z_{w_1}，Z_{w_2} はそれぞれ壁 I，II の単位面積当りのインピーダンス（この場合，壁はおのおのピストン振動すると考えれば，その面密度 m_1，m_2 を用いて $Z_{w_1} = j\omega m_1$，$Z_{w_2} = j\omega m_2$ と表される。また，壁 II の左側に加わる音圧については，振幅は壁 I と同じであるが，空気層厚さ d の分だけ位相が異なっているため $\exp(\pm jkd)$ の項がかかっている）である。

これらの式から，p_i/p_t を求めると次式となる。

$$\frac{p_i}{p_t} = 1 + \frac{Z_{w_1} + Z_{w_2}}{2\rho c} + \frac{Z_{w_1} Z_{w_2}}{(2\rho c)^2}(1 - e^{-2jkd}) \tag{3.34}$$

さらに，$m_1 = m_2 = m$ とした場合，上式から音響透過損失を求めると，次式を得る。

$$R = 10\log_{10}\left|\frac{p_i}{p_t}\right|^2 = 10\log_{10}\left\{1 + 4\left(\frac{\omega m}{2\rho c}\right)^2\left[\cos kd - \frac{\omega m}{2\rho c}\sin kd\right]^2\right\} \tag{3.35}$$

この式で，$d=0$ とおくと，単層壁の質量則において面密度を 2 倍したときと同じ値になる。さらに，この式の $\{\cos kd - [\omega m/(2\rho c)]\sin kd\}$ の値が 0 になるときには，音響透過損失が 0 すなわち全透過となることがわかる。これは，2 枚の壁と空気層のばねによって構成された共振系の共振周波数にあたり，その最も低い周波数における共振は，一般的な建築壁体の場合は低音域で発生する。これは，**共鳴透過**と呼ばれ二重壁の遮音において 1 つの大きな問題となる。その周波数（**共鳴透過周波数**）は近似的に次式で表される。

$$f_{rm} = \frac{1}{2\pi}\sqrt{\frac{2\rho c^2}{md}} \tag{3.36}$$

以上に述べた二重壁の音響透過損失理論解を表したのが**図 3.15** である。この図では壁 I, II ともに同じ質量（10 kg/m^2）とし空気層厚は 0.1 m とした。また，図中の直線 A は質量が 2 倍（20 kg/m^2）の場合の質量則を示し，共鳴透過周波数以下ではこれに従う値となることがわかる。直線 B は極大値付近の傾き，C は共鳴透過周波数以上での大略の傾きを近似的に求めたものである。

低音域での共鳴透過のほかに，空気層の共鳴によって高周波数でも音響透過

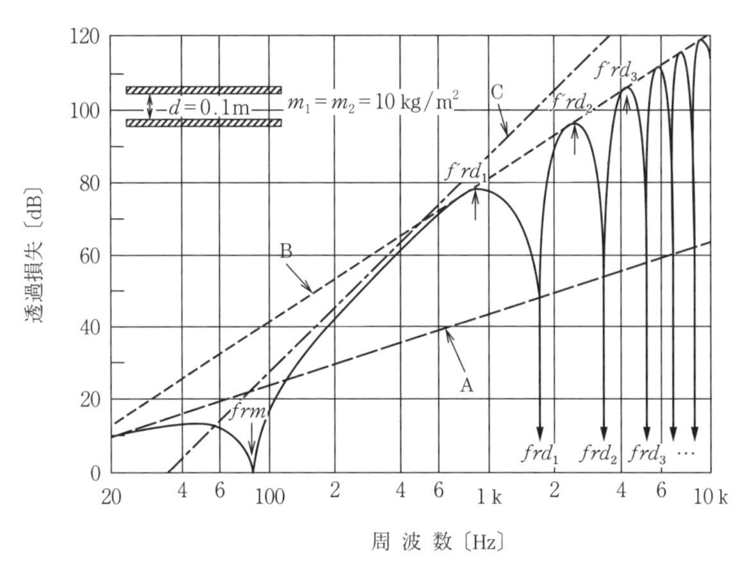

図 3.15 二重壁の音響透過損失理論解（式 (3.35)）

損失が低下する周波数がある。こうした欠点を防ぐために，多くの場合は空気層内に多孔質吸音材を挿入するなどの対策がとられる。また，2 枚の壁を実際に施工する場合にはそれを支える支柱が必要であるが，これを通して壁 I の振動が壁 II に伝わって遮音性能を損ねる場合も多い。その場合，それぞれの壁

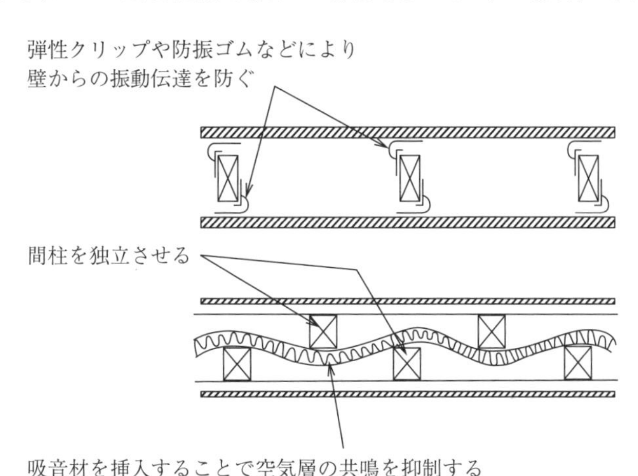

図 3.16 二重壁構造における施工上の留意点

の支柱を独立させる，あるいは壁との振動伝達が生じないよう防振処理するなどの対策を要する。これらの問題について，二重壁の場合は**図 3.16** のように，種々の施工上の配慮が必要である。参考として，**図 3.17** に一般的な乾式二重間仕切壁の遮音特性の例を挙げておく。

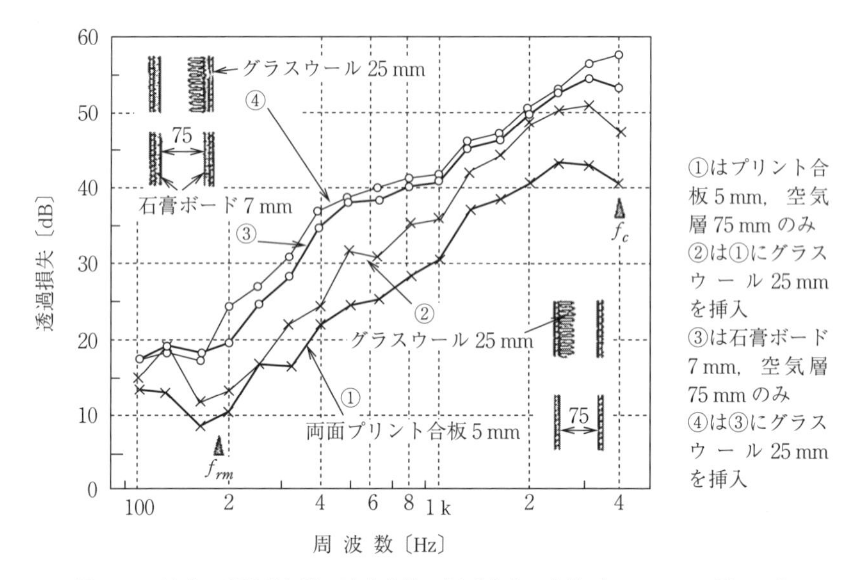

図 3.17　乾式二重間仕切壁の遮音特性の例〔出典：文献 4）の p.117，図 6.20〕

3.6.4　2 室間の遮音問題

3.6.3 項までで単層壁，二重壁の音響透過損失を求め，遮音構造に関する事項を述べた。しかし，これらは壁体の単体での遮音性能であって，実際の建物において 2 室間に設置された場合の遮音性能は，各室の音響特性などによって変化するため，音響透過損失だけでは実建物における遮音性能を表現することはできない。ここでは，実際の建物の 2 室間での壁を通しての音の伝搬について，拡散音場理論に基づいた解析を行い，その特性について述べる。

図 3.18 のように，隣接する 2 室間の騒音伝搬を考える。2 室ともに完全拡散音場と仮定し，室 1（音源室），室 2（受音室）それぞれの**等価吸音面積**（equivalent absorption area）を A_1，A_2，2 室間に透過率 τ，面積 F の間仕切

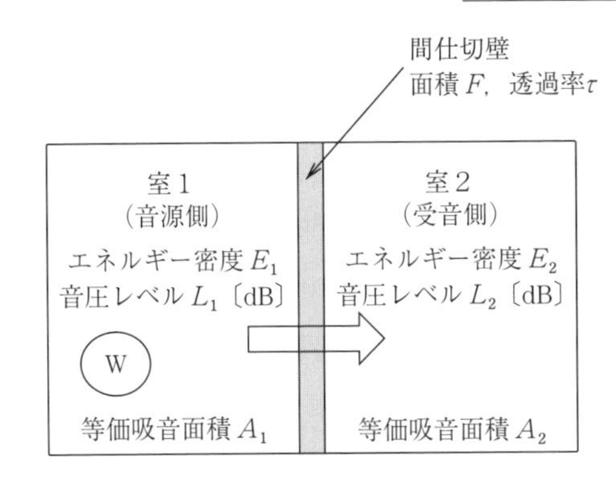

図 3.18 隣接する2室間の騒音伝搬

壁があるとする。室1で音響パワー W（パワーレベル L_w）の音源から音を出し，室1，2それぞれの室内の音響エネルギー密度が E_1，E_2，音圧レベルが L_1，L_2 になったとする。また，ここでは2室間の音の伝達は間仕切壁の透過によるものだけであり，後述の**側路伝搬**（flanking pass）など他の経路からの伝搬はないものとする。

このとき，室1から間仕切壁に入射する音響エネルギーは $cE_1F/4$ であるから，室2に入射する音響エネルギーは $cE_1F\tau/4$ となる。その結果，室2の音響エネルギー密度が E_2 となったので，室2の全壁面で吸収される音響エネルギーの総和は $cE_2A_2/4$ となる。したがって，定常状態における室2のエネルギー収支は次式で表される。

$$\frac{c}{4}E_1F\tau=\frac{c}{4}E_2A_2 \tag{3.37}$$

したがって，これをレベルで表示し，2室間の音圧レベルの差をとれば

$$L_1-L_2=10\log_{10}\frac{E_1}{E_2}=10\log_{10}\frac{1}{\tau}+10\log_{10}\frac{A_2}{F}=R-10\log_{10}\frac{F}{A_2} \tag{3.38}$$

ここで，音源のパワーレベル L_w を用いて室1の音圧レベル L_1 を表せば，次式のように変形できる。

$$L_2=L_w+6-R-10\log_{10}\frac{A_1A_2}{F} \tag{3.39}$$

この式によれば，隣室の音圧レベルすなわち隣室への音の透過は，間仕切壁

の透過損失だけではなく，両室の吸音力の影響も受けることがわかる。もちろん，間仕切壁の透過損失が最も支配的な影響を及ぼすので，十分な透過損失を確保することが肝要であるが，室を適切に吸音処理し，騒音レベルを下げることである程度の効果がある。ただし，式からわかるとおり，等価吸音面積あるいは平均吸音率が2倍になっても隣室の音圧レベルの低下は3 dBであるから，大きな効果ではないが，吸音の項で述べたように残響時間の低減効果などにより，喧噪（けんそう）感を抑える効果も期待できるため，可能な限り吸音処理も併用することが望ましいといえる。

なお，現実の建築物においては，前述の側路伝搬（壁以外の経路を伝搬すること）が生じるため，隣室での音圧レベルは一般にこの式で与えられる値より高くなると考えられる。そのほかに，すきまや換気のための開口なども遮音性能を低下させる要因である。したがって，式(3.39) から得られる値は理想的な状況での値であり，最も遮音効果が高く現れた場合と考えるべきである。

また，ここで述べた理論は，実験的に音響透過損失を求める場合に使用される。すなわち，**図3.19**のように，隣接する2つの残響室の開口部に試験体を設置し，式(3.38) に基づいて両室の平均音圧レベルなど必要な値を測定し，これを音響透過損失について解けば求められる。ただし，この場合の音響透過損失は拡散入射に対する値である。JISなどの規格に，測定法についての詳細の規程がある。

この方法は，実際の建築物の現場測定でも応用される場合がある。実建築物

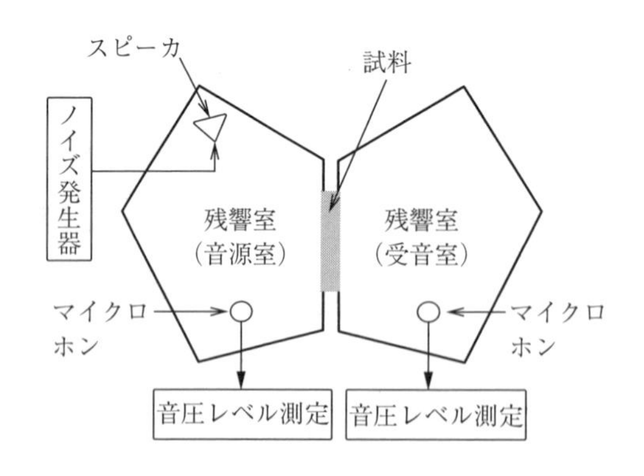

図3.19　隣接する2つの残響室の音響透過損失の測定

の居室などは完全拡散音場ではなく，床などを振動として伝搬する側路伝搬などの影響も含んだ結果となってしまうが，現場での遮音性能として本理論により透過損失に相当する値を求めることができる。これを，**準音響透過損失**（apparent sound reduction index）と呼んで区別する。

しかし，実際の建築物で2室間の遮音性能を評価する場合，一般に用いられるのは室間**レベル差**（level difference）$D=L_1-L_2$ である。両室で平均音圧レベルを測定し，その差をとったものである。この値が大きいほど受音室の音圧が低い，すなわち静かであり，遮音性能が高いということになる。遮音性能の評価としては，この D の値を 125 Hz ～ 4 kHz の各 1/1 オクターブバンドで測定し，それをもとに空気音遮断性能の等級（遮音等級）D 値を求める。測定の方法，すなわち受音点の数などについては，JIS に詳しく規定されている（JIS A 1419-1）。測定の結果から遮音等級を求める方法は，まず各オクターブバンドの測定値を，**図 3.20** の空気音遮断性能の等級を示す基準曲線上にプロットする。すべてのプロットが上回る基準曲線のうち，最も高い数値の基準曲線を読み取り，その示す等級を D 値とする。遮音等級については，日本建築学会が定めた室用途別の推奨値が広く参照されている。

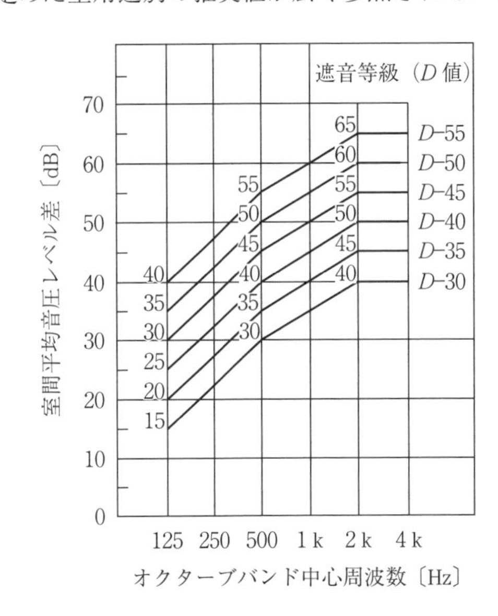

図 3.20　空気音遮断性能の等級

3.6.5　ダクトの騒音伝搬とその対策

遮音の目的は静穏な建築空間を確保することであるが，建物内の騒音の伝搬経路は壁体の音響透過だけではなく，多数の複雑な経路がありうる。その代表的なものの1つとして，空調設備などの**送気ダクト**が挙げられる。ダクトは，空気を送るだけでなく音も伝搬するため，送風機や空調機が発生した騒音が室内に伝搬し，室内の開口から放射されることになる。また，室の開口からダクト内へ入った騒音が，ダクトを伝搬して他の室へ伝搬することもある。そのため，ダクトの騒音伝搬を低減するための消音が必要であるが，空気を送りながら音だけを減衰させる処理が必要となる。

ダクト内を伝搬する音は，距離に応じて自然に減衰するほか，ダクトの口径（断面積）が変化する部分，直角に曲がる部分や，開口から放射される際に減衰するが，**消音装置**を用いて必要な減衰量を確保することが多い。

ダクトの消音装置にはさまざまな形態のものがあるが，代表例を**図3.21**に挙げておく。図（a）はダクトの内壁に多孔質吸音材などを内張りして吸音効果によって減衰を得る。図（b）はダクトの途中で断面積を拡大して空洞（内面は多孔質吸音材を内張りすることが多い）を作ることで，断面の変化によって減衰を得るものである。図（c）は大容量の空気室を設けその内壁を吸音処理したものである。図（d）は，図（a）と同様の考え方であるが，主として低音域に効果的な共鳴器型吸音体を用いたものである。

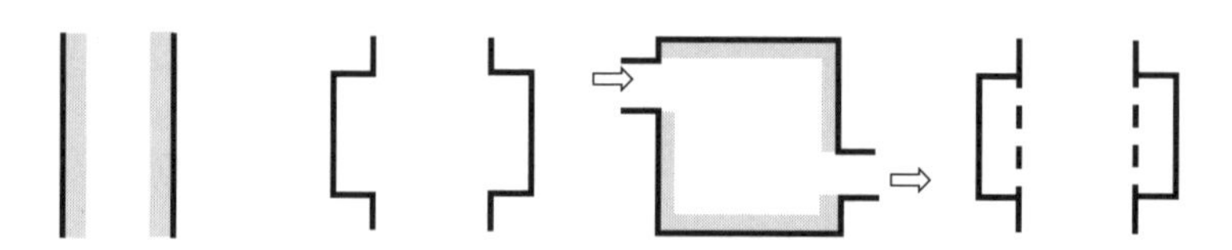

（a）内張りダクト　（b）空洞型消音器　（c）吸音チャンバ　（d）共鳴器型消音器

図3.21　ダクトの消音装置の代表例

3.7　固体音・防振・床衝撃音

固体音とは，空気中ではなく壁や床などの建物躯体など，固体の中を伝搬する音波のことである。すなわち，固体の振動として伝搬するものである。しかし，これらは最終的に固体の振動から空気中に放射される。これを**固体放射音**と呼んで区別することも多いが，固体音問題として両者を含めて扱うことも多い。ここでは，固体中を伝搬する波動を中心に述べる。

例えば，建築設備機械などの振動が床や壁などに伝わり，建物躯体中を固体音として伝搬し，最終的には振動から空気中へ音波として放射されて，思いがけないところで騒音問題を生じることがある。また，3.6節の遮音の問題においては壁を通しての音波の透過しか考えていないが，実際の建物においては壁の振動が天井や床などへ伝わり，固体音として隣室へ伝搬して最終的にその振動からの放射音によって遮音性能が劣化することもあり，これが3.6節の側路伝搬，あるいは一般的に**フランキング**と呼ばれるものである。

これらの対策としては，建物躯体に振動が伝わらないようにする**防振処理**などが必要である。また，同種の問題として，床に加えられた衝撃力によって床から階下の室へ音波が放射される**床衝撃音**（floor impact sound）も，住宅や学校などで問題となることが多い。

本節では，まず固体音についての概要を述べ，その対策としての防振の原理について述べる。また，床衝撃音についても，その発生と測定・評価方法，および対策について概説する。

3.7.1　固　体　音

〔1〕　**固体音の発生と伝搬**　　固体音の発生は多種多様である。**図3.22**のように，建物躯体に設備機械などから直接振動が加わる場合のほか，道路や鉄道の振動が地盤振動として伝わり，建物の基礎から躯体へ伝搬する場合もある。躯体に直接振動が加わる場合は，後述の防振処理によって有効に対策できる場合もあるが，**地盤振動**に起因するものなどは，対策が困難な場合もある。

建物躯体のような固体中を伝搬する波動は複雑で種類も多いが（**図3.23**），最も音波を放射しやすいのは**曲げ波**（屈曲波）である。ただし，他の種類の波動も，柱と梁（はり）の接合部などの分岐や曲がる部分において，曲げ波に変化する場

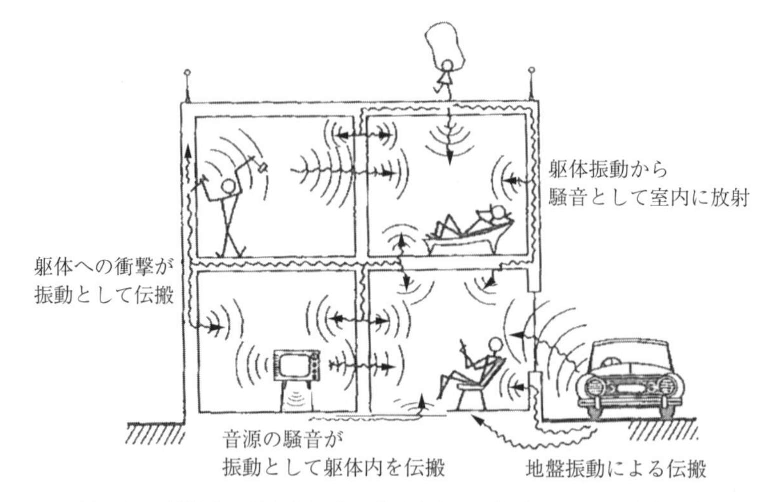

図 3.22　固体音の発生と伝搬の例〔出典：文献 4）の p.128，図 7.1〕

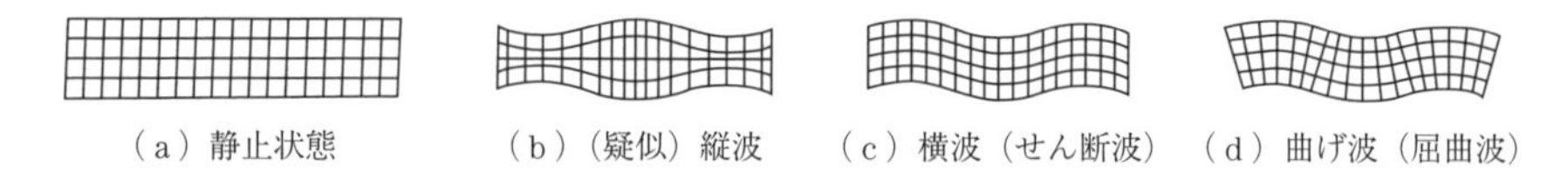

図 3.23　固体中を伝搬する波動の種類

合がある。なお，**縦波**と**横波**はあらゆる固体中に発生しうるが，曲げ波だけは柱梁や板にしか生じない。

〔2〕 **固体音の減衰と対策**　固体音は伝搬中の減衰が少ないのが対策上困難な点であるが，つぎのような場合に減衰を生じるので，これを利用して対策をすることが可能である。① 接合部などで分岐する，あるいは伝搬経路が曲がる場合，② 伝搬経路となる構造体を切断し緩衝材を挿入する，などである。しかし，いずれの場合も建物の構造体に大幅な改変を要するため，計画段階から固体音問題の発生が予測される場合は適切な計画をしておくことが肝要である。

3.7.2 防　　振

防振（vibration isolation）とは，振動を加える機械などの装置を，ばねを有する架台に設置して適切な共振系を構成することにより，建物の躯体などへの力の伝達を防ぐことである。**制振**が物体そのものの振動を抑えることであるのに対し，防振は振動が伝わることを防ぐ点で異なる。

上述のように，振動する物体をばねの上に設置すると，**図 3.24** のような**単一共振系**が構成される。この単一共振系の振動を表す運動方程式は，物体の質量を m，防振材料のばね定数 k，減衰定数（速度に比例する減衰の比例定数）c，外力を F として，次式のように表される。

$$m\frac{d^2x}{dt^2}+c\frac{dx}{dt}+kx=F \tag{3.40}$$

この物体の振動によって，支持する構造体（床など）に伝達される力を F_r とすると，F_r は次式で表される。

$$F_r=kx+c\frac{dx}{dt} \tag{3.41}$$

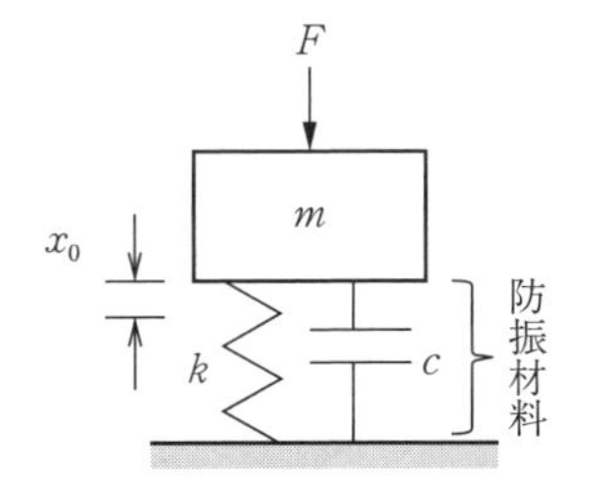

（a） 静止状態（静的変位 x_0）

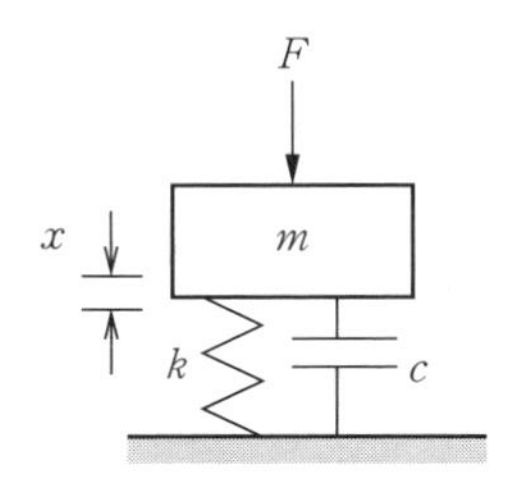

（b） 振動状態（振動変位 x）

図 3.24 防振材のモデル

周期定常状態として外力を $F=F_0\cos\omega t$ とすれば，振動変位 $x=x_0\cos(\omega t+\varphi)$ と表すことができる。これを式 (3.40)，(3.41) に代入し，**力伝達率**（$T=|F_r/F|$）を求めれば，次式となる。

$$T=\left\{\frac{1+[2(c/c_0)(\omega/\omega_0)]^2}{[1-(\omega/\omega_0)^2]^2+[2(c/c_0)(\omega/\omega_0)]^2}\right\}^{1/2} \tag{3.42}$$

ここで，$\omega_0=2\pi f_0$ であり，$f_0=[1/(2\pi)](k/m)^{1/2}=[1/(2\pi)](g/x_0)^{1/2}$ は減衰がないときのこの共振系の**固有周波数**である（g は重力加速度）。c_0 は**臨界減衰**

係数と呼ばれ $2\,m\omega_0$ で定義し，c がこの値を超えると減衰が大きいため振動が生じなくなる。上に求めた力伝達率は，**図 3.25** のようになる。力伝達率は共振周波数（図の横軸において $f/f_0=1$）で最大値となるが，それ以上の周波数では大幅に低下する。したがって，防振を行う場合は，物体の振動周波数（外力の周波数）が，共振系全体としての共振周波数よりも十分に高くなるようなばね定数を有するばねを使用する必要がある。

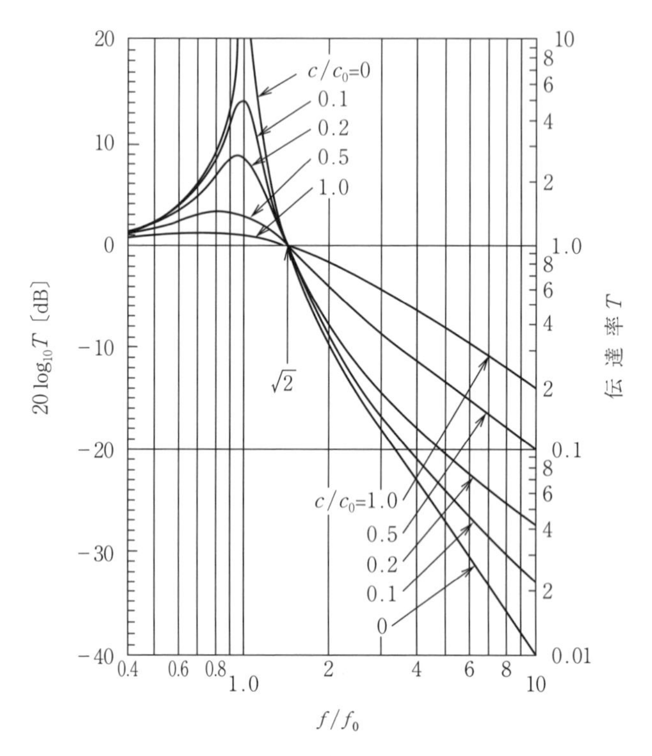

図 3.25　力 伝 達 率

ばねとしては，いろいろな種類が用いられる。重量の非常に大きいものでは金属製のコイルばねが用いられてきたが，近年は防振ゴムの性能が向上しているため，多くの場合防振ゴムを利用することが多い。一方，コルク，フェルトなどの素材は，衝撃を吸収する緩衝材とはなるが，ばね定数が一定せず，かつ強度的にも十分でない場合が多いため防振効果は少ないと考えたほうがよい。

防振処理の例を，**図 3.26** に示す。図（a）の送風機の場合，鋼スプリングと防振ゴムを併用し，かつ送風機から接続されるダクトについても，送風機の振動がダクトに直接伝わらないように**キャンバスダクト**（布製の継手）を使用するなどの配慮を行っている。振動物体，特に建物の設備機械の場合，躯体に振動が伝わるほかに，図（b）のように配管などの振動が伝わることによる騒音発生も対策を要する場合があり，多種多様な防振処理が随所に用いられる。

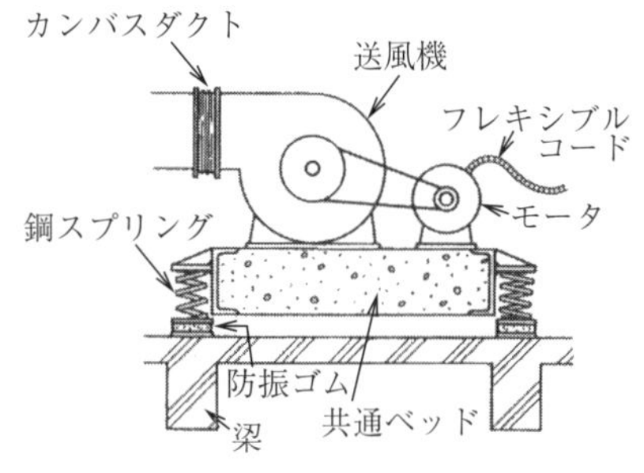

（a） コンクリートスラブに防振架台を設けて送風機を設置した例

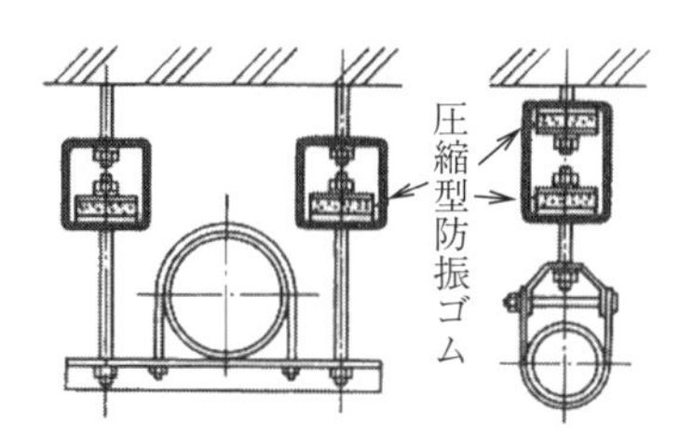

（b） 配管から生じる振動（中を流れる流体などからも振動が生じる）が，躯体に伝搬するのを防ぐ例

図 3.26　防振処理の例〔出典：文献 4)〕

3.7.3　床衝撃音

〔1〕 **床衝撃音の発生と種類**　　床衝撃音は，文字どおり床に加わった衝撃力によって床が振動し，階下に騒音を放射するものである。衝撃力の要因としては，歩行に伴う衝撃力，ものを落下することによるもの，子どもの飛び跳ねなどがある。靴音など通常の歩行に伴う衝撃によるものは一般に**軽量床衝撃音**，子どもの飛び跳ねのような重量を伴うものを**重量床衝撃音**と呼んでわが国では区別しており，それぞれに測定法や評価の方法がことなる（ただし，海外ではこれらの区別はしていないことが多い）。

〔2〕 **床衝撃音の評価方法**　　軽量床衝撃音の場合は，国際規格に基づいて**タッピングマシン**と呼ばれる衝撃源を用いて床を加振し，階下の室での放射音を測定する。タッピングマシンは，靴音を模擬した力を金属製のハンマで連続的に発生し，準定常な振動を生じるものである。測定は，31.5 Hz から 4 kHz までの各 1/1 オクターブバンドレベルを測定し，**図 3.27** に示す床衝撃音の遮音等級曲線に当てはめて評価する。その際，最も低い測定値より低くかつ最も近い曲線の評価値を読み取り，「L_L=45」のように標記する。

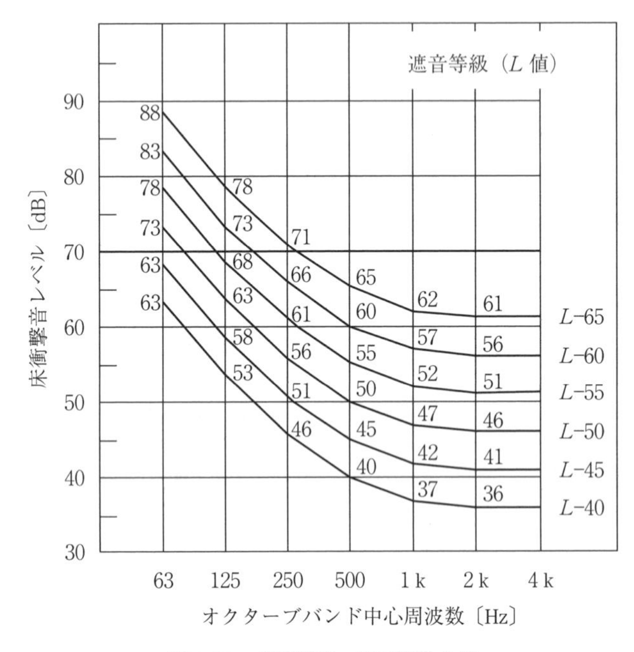

図 3.27　床衝撃音の遮音等級曲線

一方，重量床衝撃音については，一定の高さから規格に基づいたタイヤ，もしくはゴムボールを落下させて床に衝撃を加え，軽量床衝撃音の場合と同様に測定する。タイヤについては大きさや重量，空気圧などが規格によって決められており，これを一定の高さから落下させる装置（**バングマシン**）を用いることが多い。ゴムボールについても同様に大きさや重量などに規定があるが，小型なので手で持って，一定の高さから落下させることが多い。測定値の評価についても，図 3.27 を用いて軽量の場合と同様に行うが，結果として得られた遮音等級は「L_H=45」のように表す。重量，軽量いずれの場合も，L 値が小さいほうが床衝撃音の遮断性能が高いということになる。**図 3.28** に床衝撃音レベル測定用の衝撃源の例を示す。

（a）　タイヤ衝撃源，バングマシン（重量衝撃）

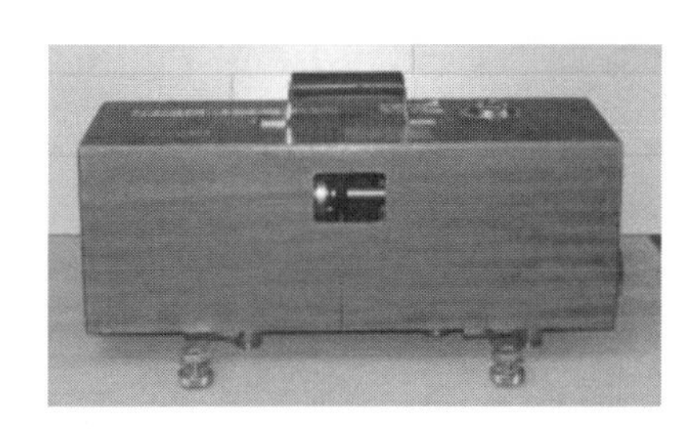

（b）　タッピングマシン（軽量衝撃）

（c）　ボール衝撃源ゴムボール（重量衝撃）

図 3.28　床衝撃音レベル測定用の衝撃源の例

これらの評価については，室の用途ごとに遮音性能基準において適用等級が定められており，多くの場合，この遮音性能基準に基づいて行われることが多い。なお，同指針はバングマシンを用いた測定値をもとに定められたものである点に留意を要する。また，いずれの衝撃源を用いるかによって測定値に相応の差異が現れるため，測定結果の表示に際しては，バングマシンを用いたか，ゴムボールを用いたかを明記することが適切である。

〔3〕 **床衝撃音の対策**　軽量床衝撃音の場合，床の表面に比較的軽い衝撃が加わることによって生じるので，床の表面仕上げを柔軟なものにすることである程度の低減効果が期待できる。各種床表面仕上げによる軽量床衝撃音レベルへの効果の例を**図 3.29** に示す。ただし，床表面の仕上げをあまり柔軟にしすぎると，歩行感に問題を生じることが指摘されている。

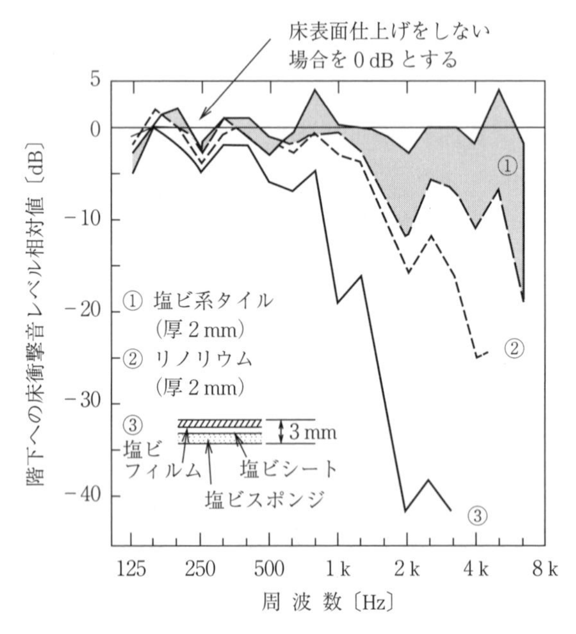

図 3.29　各種床表面仕上げによる軽量床衝撃音レベルへの効果の例

重量床衝撃音の場合は，床全体が大振幅で振動するため，表面仕上げなどの簡便な方法では対策できないことが多く，ほとんど床スラブの厚さや，床の構造でその遮断性能が決まってしまうことが多い。すなわち，重量の大きい厚い床や，梁を多く入れた剛性の高い床のほうが性能が高い傾向があり，軽量な構造では十分な遮断性能が得られないことが多い。したがって，計画段階から床衝撃音の問題を考慮に入れておくことが望ましい。

また，床スラブの上に下地を組んで仕上げ床を張るいわゆる**二重床構造**は，空気層を挟んだ二重板構造となるため，二重壁と同様に共鳴を生じることになる。そのため，特に重量床衝撃音の場合には，かえって床衝撃音遮断性能を低下させる場合もある。

引用・参考文献

文献1）～4）は本文中に引用したが，各種吸音体およびMPPの吸音率予測などについて詳しい記述があり，この分野についてより深く学ぶうえで良書である。特に2）は多孔質吸音材の予測手法の基礎となる各種モデルを原理も含めて詳述しており，多孔質吸音材について学ぶには必須の参考書である。また，建築音響における各種音響材料については1）が網羅的で参考になる。測定法については5）をお勧めする。

固体音については6）が定評のある良書である。遮音および床衝撃音については，7），8）が実務的な観点から詳述されているので一読をお勧めしたい。

1） T. J. Cox and P. D'Antonio：Acoustic absorbers and diffusers：Theory, Design and Application (3rd Ed.), Taylor and Francis（2016）
2） J. F. Allard and N. Atalla：Propagation of sound in porous media：Modelling sound absorbing materials (2nd Ed.), Wiley (2009)
3） 前川純一，森本政之，阪上公博：建築・環境音響学（第3版），共立出版（2010）
4） D-Y. Maa：Microperforated-panel wideband absorbers, Noise Control Eng. J., **29**, 3, pp.77-84 (1987)
5） 橘秀樹，矢野博夫：改訂 環境音響・建築音響の測定，コロナ社（2012）
6） L. Cremer, M. Heckl, and B. A. T. Petersson：Structure-borne sound (3rd Ed.), Springer (2004)
7） 日本建築学会編：集合住宅の遮音性能・遮音設計の考え方，日本建築学会（2016）
8） 日本建築学会編：実務的騒音対策指針（第2版），技報堂出版（1994）

4章 音響設計

◆本章のテーマ

建築空間においては，その用途に応じて必要とされる音場の特性が異なる。建築音響の設計では，室の用途に応じた適切な音場を実現するため，室の大きさや形状，壁面材料によって室内音場をいかに制御するかが重要となる。本章では，1章から3章まで述べた音の基礎，室内の音場，吸音と遮音に関する知見をもとに，室用途に応じた音場を実現する方法について述べる。具体的には，室内音響設計の基本的考え方，室形状の設計，残響の設計（吸音の設計），シミュレーションや模型実験などの音響設計ツール，実際の設計における注意点などについて順を追って解説する。

◆本章の構成（キーワード）

4.1　室内音響設計の基本的考え方
　演奏空間の設計，音声明瞭度の設計，スピーチプライバシーの設計，建築空間における吸音の重要性

4.2　室形状の設計
　初期反射音の重要性，音場の特異現象と音響障害の防止，拡散体

4.3　残響の設計
　最適残響時間，平均吸音率，室容積の確保，壁面材料の選定と吸音計画

4.4　シミュレーションと模型実験
　幾何音響シミュレーション，波動音響シミュレーション，音響模型実験

4.5　設計の実際
　コンサートホール，講堂・教室，映画館，オフィス空間，スピーチプライバシー，公共空間，住宅の居住空間

4.1 室内音響設計の基本的考え方

室内音響設計（room acoustical design）は，室の用途に応じて設計目標が異なり目標を実現するための設計手法も異なる。そのため，以下では室内音響設計の基本的考え方について，**演奏空間**（performance space）の設計，**音声明瞭度**（speech intelligibility）の設計，**スピーチプライバシー**（speech privacy）の設計，建築空間における吸音の重要性について，順を追って解説する。

4.1.1 演奏空間の設計

コンサートホールなどの演奏空間で聞く音は，演奏音に空間の響きが加わって生み出されたものである。演奏空間の大きさ，室形状，境界面の吸音特性，座席位置によって受聴者に届く直接音と反射音のレベルと到来方向，周波数特性などが異なり，これによって音の印象も異なるため，これらを建築設計によって制御するのが演奏空間の室内音響設計である。また，演奏空間の音響は，聴衆だけでなく演奏者にとっても好ましいものでなければならない。

セイビンが残響理論を構築してボストン・シンフォニーホールの音響設計に利用してから100年以上にわたり，演奏空間の音響効果について物理・心理の両面から研究が進められ，現在も進行中である。初期反射音や初期減衰時間の重要性，側方反射音の効果，音の空間印象ASWとLEVの発見など，数々の重要事項が明らかにされてきたが未解明の点も多い。演奏空間の設計においては，明らかにされた科学的知見を駆使しつつ，未解明であるが重要とされている点を含めて，建築意匠とのバランスを考えながらコンサートに適した空間を創造する必要がある。

4.1.2 音声明瞭度の設計

音声明瞭度の設計は，音声による情報伝達がなされる空間すべてが対象となり，建築設計や電気音響設備によって室用途に応じた音声伝送性能を達成することが目的である。音声伝送性能とは，音声による情報伝達の際に，建築空間および付随する電気音響設備が音声の伝送路として持つ性能のことをいう。この音声伝送性能は，おもに以下の4項目（①～④）が要因となる。

① 音声情報を受け取る受信者に直接届く音声（直接音）

② 音声による情報伝達に有益な反射音

③ 音声による情報伝達を妨害する反射音

④ 音声による情報伝達を妨害する暗騒音

適切な室内音響設計および騒音制御を行うことによりこれらの要因をコントロールし，音声情報の「聴き取り間違い」が生じないだけでなく，ほとんど**聴き取りにくさ**（listening difficulty）を感じない性能を目指す。

4.1.3 スピーチプライバシーの設計

病院や薬局などの医療空間，銀行の窓口などでは，そこで交わされる会話内容に個人情報や企業情報が含まれている。その会話が第三者に聞かれ（あるいは意図せずとも聞こえてしまい），情報が漏洩（ろうえい）する問題が生じている。会話音声が隣接する空間に漏れ聞こえることによる情報漏洩が生じない音環境の条件（状態）を「スピーチプライバシー」といい，これを確保するための音響設計がスピーチプライバシーの設計である。音声明瞭度の設計では音声情報を明確に伝達することが目的であったが，その逆に音声情報が聞こえないか，あるいは聞こえても不明瞭で内容が伝わらないようにすること，すなわち音声伝送性能をきわめて低くすることが目的となる。そのため，4.1.2項「音声明瞭度の設計」で述べた音声伝送性能に関わる4項目（①～④）がそのままスピーチプライバシーの設計要因となる。したがって，適切な室内音響設計および暗騒音の制御を行うことによりこれらの要因をコントロールし，音声伝送性能を低くすることによって音声情報が漏洩しない音環境，すなわちスピーチプライバシーの確保を目指す。

4.1.4 建築空間における吸音の重要性

音楽演奏や音声情報伝送，スピーチプライバシー確保以外の面においても音響設計は重要である。例えば，レストランやカフェ，商業施設，アトリウム空間，病室や集中治療室，居住空間など音楽演奏や音声伝達が主目的ではない空間においても，その空間に存在する人々の話し声や動作・作業音，空調や医療機器などの機械音，BGM，その他さまざまな音が存在する。室内で発生するさまざまな音が空間に漂いその場の音環境を形成する。その環境音のレベルが大きすぎると喧噪感が増し，居心地の悪い空間となってしまう。幼稚園や保育所では，室の吸音不足によって園児の遊戯音などによる暗騒音レベルが上昇し，保育士が声を張り上げざるを得ない状況を招いて，のどの痛みや難聴，精神的ストレスの一因となって問題となることがある。また，吸音することで住空間の落ち着きや高級感が増すなどの効果があることも報告されている。このように，あらゆる建築空間において，採光や換気などと同様に，吸音性能についても室の環境性能として設計時につねに考慮すべきであろう。

4.2 室形状の設計

2章で述べた拡散音場を前提とした音場理論では，室内で生じる残響は室形状とは無関係である。しかし，実際には室内に形成される音場と室形状との間には深い関係があり，室形状によって音場を制御することが室内音響設計の1つの重要なポイントとなっている。ここでは室形状の設計について概説する。

4.2.1 初期反射音の重要性

2.7節では，第一波面の法則とハース効果によって，反射音の直接音からの遅れ時間によって，知覚される音像に及ぼす効果が異なることが示されている。直接音からの遅れ時間の短い反射音を特に**初期反射音**（early reflected sound）といい，室内音響設計において重要な要因となっている。2.7節で取り上げた物理指標のうち ST_{early}，J_{LF}，C 値などいくつかの指標はこの初期反射音の効果を評価したものである。初期反射音は直接音のラウドネスを補強する効果があり，結果として音声による情報伝達に有益な反射音として働く。演奏空間においては演奏音が残響によって不明瞭になることを防いで音楽の明瞭性に寄与し，側方から到来する初期反射音は ASW を広げる効果がある。このように初期反射音は音響効果に重要な働きがある。

さらに，初期反射音は周壁の形や角度によって制御できるため，室形状と深い関わりがあることも重要である。**図 4.1** はコンサートホールの平面形状の例である。これをみると，コンサートホールはさまざまな形状をしていることがわかる。この室形状の違いがホール内で生じる反射音の違いをもたらし，コンサートホールの響きの個性を生み出している。このとき室形状によって大きく変化するのはおもに初期反射音である。室形状の設計が重要なのは，初期反射音を制御でき，それによって音響効果を制御できるためである。

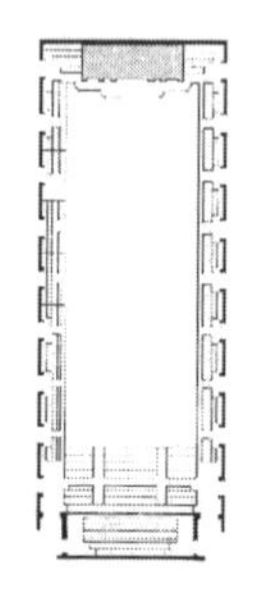

（a） ウィーン・楽友協会大ホール（1870）

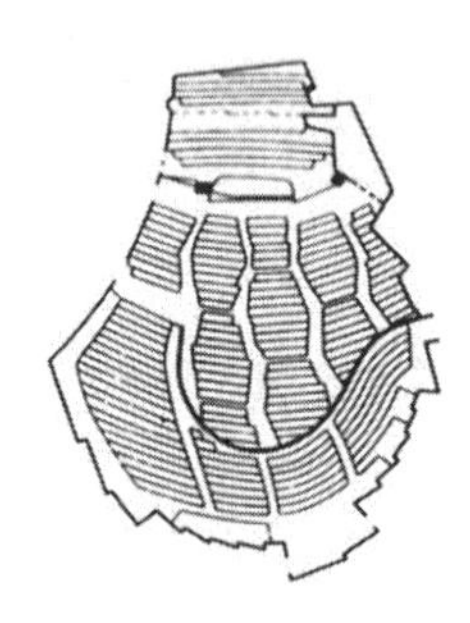

（b） シュツットガルト・リーダハレ・ベートーベンホール（1956）

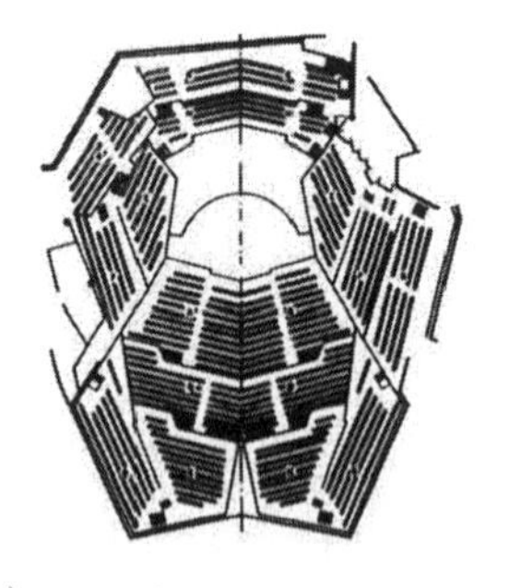

（c） ベルリン・フィルハーモニーホール（1963）

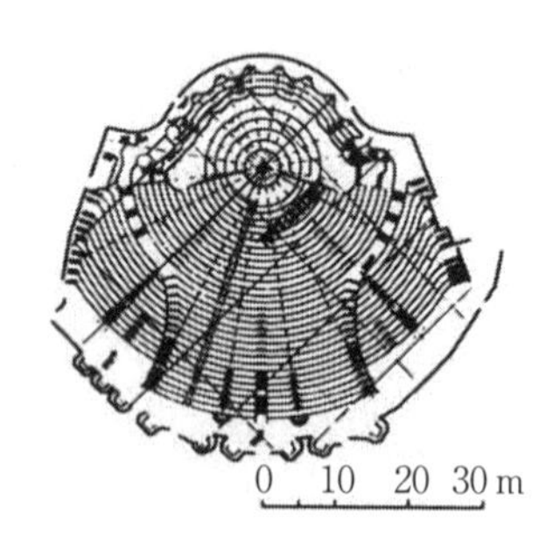

（d） ケルン・フィルハーモニーホール（1986）

図 4.1　コンサートホールの平面形状の例

〔1〕 **室幅と初期反射音**　**図 4.2** は室の横幅が音場に及ぼす影響の概念図である。幅が広い場合には，側壁間で生じる反射音の伝搬距離が長くなるため初期反射音のレベルと密度が小さくなる。その逆に，幅が狭いと初期反射音の

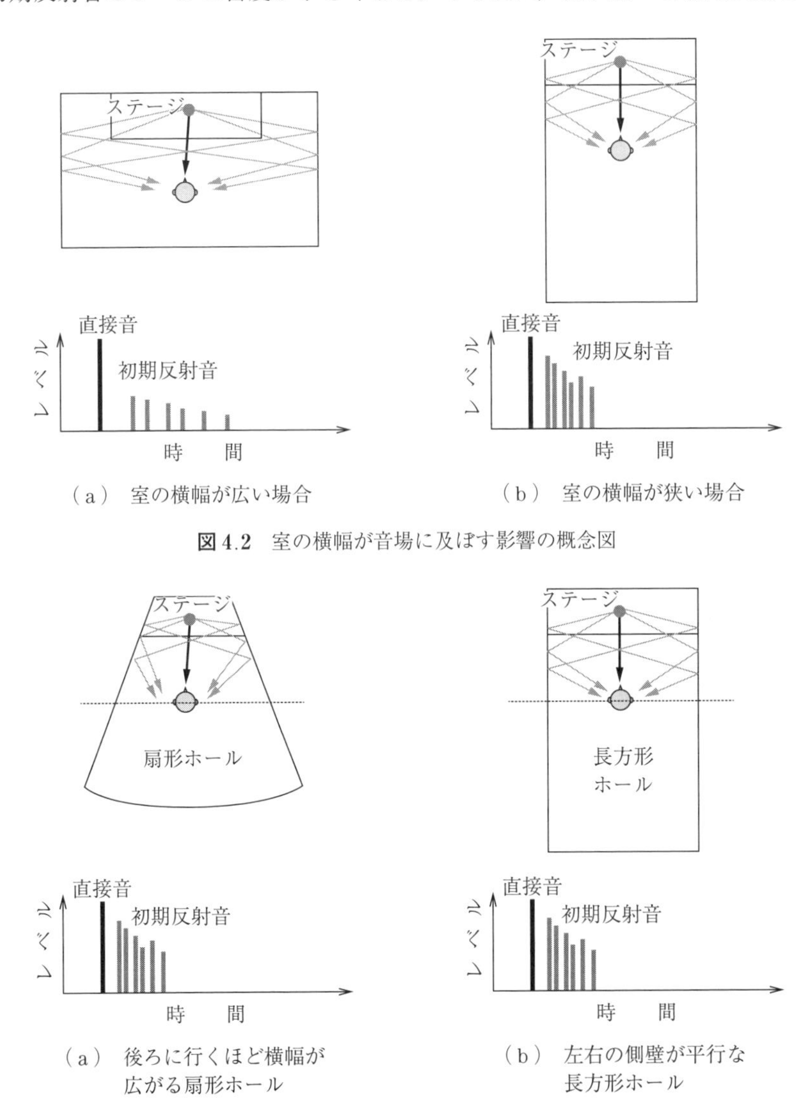

（a） 室の横幅が広い場合　（b） 室の横幅が狭い場合

図 4.2　室の横幅が音場に及ぼす影響の概念図

（a） 後ろに行くほど横幅が広がる扇形ホール　（b） 左右の側壁が平行な長方形ホール

図 4.3　室形状が反射音の到来方向に及ぼす影響の概念図

レベルと密度が大きくなる。

〔2〕 **室形状と初期側方反射音**　　**図4.3**は室形状が反射音の到来方向に及ぼす影響の概念図である。この例では，初期反射音の時間構造がほぼ同じであっても，側壁の角度が違うために到来方向が異なることを表している。両ホールともに，反射音は受聴者からみて斜め前方から到来するが，その角度が扇形ホールでは前寄りであり，長方形ホールでは側方寄りであることがわかる。

4.2.2　音場の特異現象と音響障害の防止

エコー（echo）や**フラッタエコー**（flutter echo）などの特異現象による音響障害が起きないようにすることは，室内音響設計の最低限の必要条件である。室形状に起因する音響障害は，設計時に注意すればほぼ確実に防ぐことができる。

〔1〕 **曲　面**　　壁面や天井に曲面が用いられることがある。音の波長が曲面の寸法より十分小さい場合，音は光線のように反射すると考えてよい。**図4.4**は凸曲面および凹曲面による音の反射を表している。凸曲面は入射音を広範囲に散乱させ，凹曲面は音をどこかに集中させる。凹曲面を室形状に使用すると，ある点だけ極端に音圧レベルが上昇するなど音響エネルギーの空間分布が不均一になる危険性がある。音の焦点では反射音レベルが大きくなるので遅

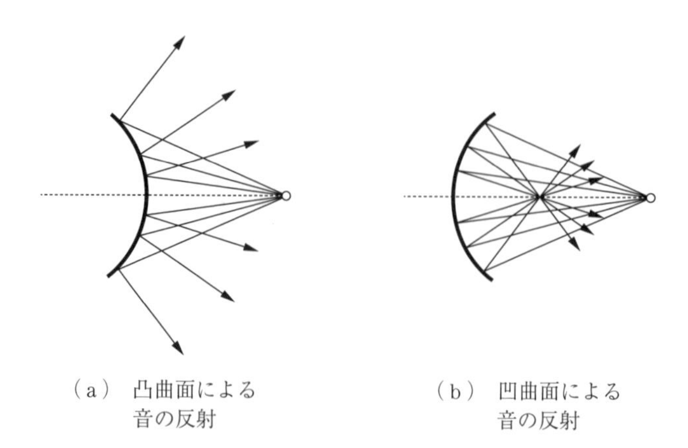

（a） 凸曲面による音の反射　　（b） 凹曲面による音の反射

図4.4　凸曲面および凹曲面による音の反射

れ時間が大きいときにはエコーを生じやすい。したがって，室内音場の拡散をよくする観点からは，波長より大きい凹曲面は使用しないほうが無難である。凹曲面の影響は面の曲率と音源，受音点の位置関係による。図4.4をみるとわかるように，凹曲面は音波が焦点を結んだ後に再び広い範囲に広がっていくため，例えば天井の隅角部の曲面など曲率半径が小さく，焦点が聴衆からみて十分遠ければ問題は起きない。

図4.5のように楕円は2つの焦点を持っており，焦点の近くに音源を設置すると，発生した音波はもう一方の焦点に集中する。楕円の平面形を持つ空間では，音源と受音点がともに焦点になくても，音の分布はきわめて不均一となる。楕円形の室形状は音響上，最も困難なものの1つであり，特別の理由がなければ避けたほうがよい。もし採用せざるを得ない場合は，壁面のほぼ全面にサイズがさまざまに異なる凸面などをデザインし，音を徹底して拡散させるべきである。

天井からの反射音は直接音を補強する役割があり，ステージから遠い客席に特に重要である。**図4.6**のように，凹曲面を使った天井は音の焦点を結んで音圧分布を不均一にするので，複数の凸曲面を組み合わせるとよい。

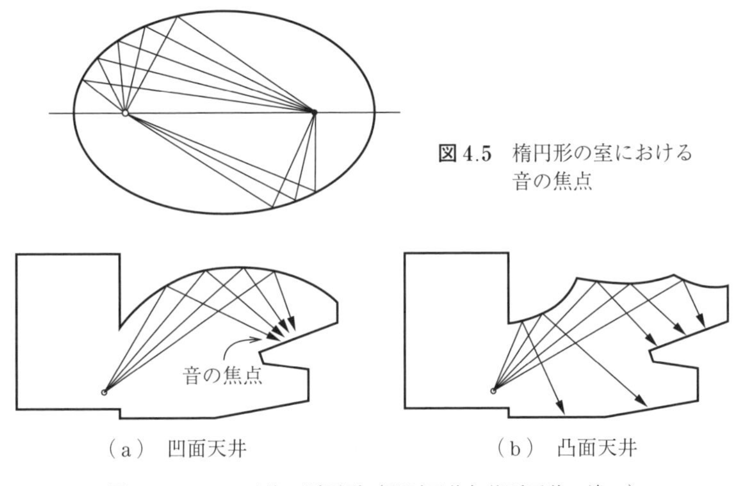

図4.5　楕円形の室における音の焦点

（a）凹面天井　　（b）凸面天井

図4.6　ホール天井の断面形（凹面天井と凸面天井の違い）

〔2〕 **反射音が届かない領域**　　音の焦点とは反対に，室形状によっては反射音が届きにくい領域が生じることがある。**図4.7**はホールの平面図で，側壁からの一次反射音が来ない例とその改善例である。扇形の室形状では側壁の角度によってはASWに寄与する側方反射音が届かない範囲が生じてしまうことがある（図（a））。そこで，側壁の角度を側方反射音がホール中央に届くように変更したものが図（b）の例である。

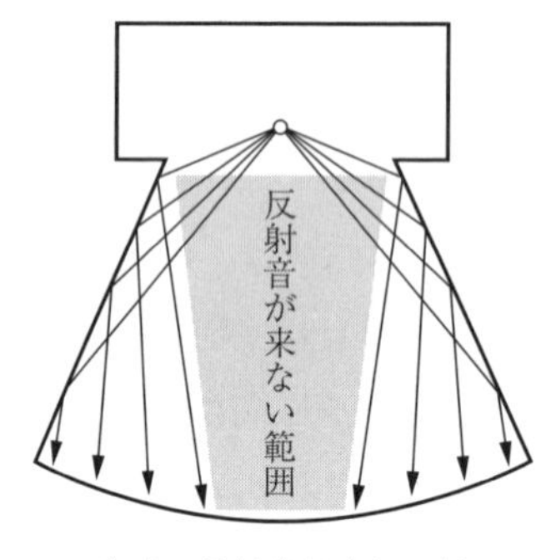

（a） 反射音が来ない例

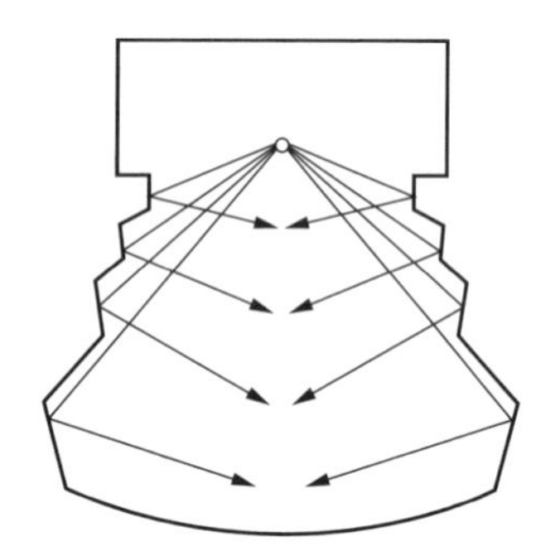

（b） 反射音がホール中心に届くように改善した例

図4.7　側壁からの反射音が来ない例とその改善例（ホール平面図）

〔3〕 **ロングパスエコー**　　直接音と反射音が時間的に分離して別々に聞こえる現象をエコーという。特に大空間の客席前方部においては，後壁やバルコニー先端からの強い反射音の直接音との行路差(パス)が大きくなるためエコーとなりやすい。このようなエコーを特に**ロングパスエコー**（long path echo）という。エコーは，音声信号に対しては著しく明瞭度を低下させ，音楽信号に対してもリズムを狂わせるため演奏が困難となり，聴衆にとっても音楽として成立しないので必ず避けなければならない現象である。形状を工夫したり，吸音または拡散などの処理をしたりしてロングパスエコーをなくす必要がある。

図4.7における後壁は凹曲面となっており，ステージ方向に反射音を返すので前方の座席においてロングパスエコーを生じる危険がある。ロングパスエコーを生じないように，後壁を吸音するか，**拡散体**（sound diffuser）（4.2.3項参照）によって音を拡散させるとよい。また，**図4.8**のように，バルコニー

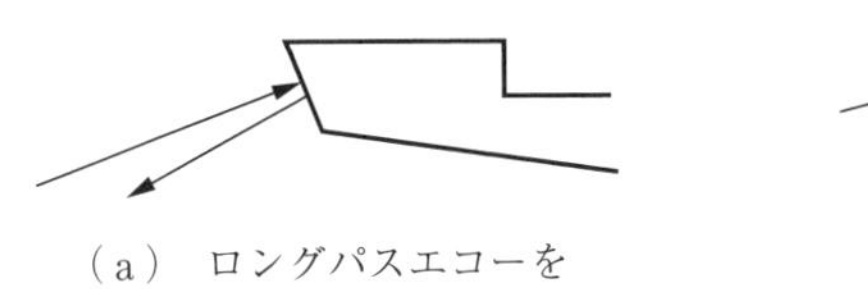

（a） ロングパスエコーを生じやすい例

（b） ロングパスエコーを生じにくい例

図 4.8 バルコニー先端の断面図

先端などステージから遠い反射面には注意が必要である。バルコニー先端の形状を図（b）のようにして，ステージ方向に音を返さないようにするなどの工夫が必要である。

〔4〕 **フラッタエコー** 　**図 4.9** に示すように，平行な 2 平面間あるいは向かい合った凹曲面と平面の間で音が何回も往復反射して一定の時間間隔でエコーが連続するフラッタエコー（鳴き竜）が生じる場合がある。直方体室で吸音配置が極端に偏った場合にも生じやすい。フラッタエコーの防止には，フラッタエコーが生じている反射壁の少なくともどれか一面に拡散体を取り付けるとよい。あるいは，平行壁間でフラッタエコーが生じる危険のある場合は，設計段階で壁をわずかに傾けて平行にならないよう計画することも有効である。その際，吸音面の方向に壁を傾けたほうがよい。フラッタが生じている壁面を多少吸音しても解消しない場合が多い。

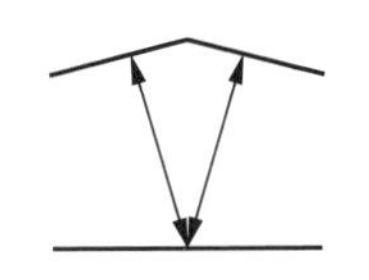

（a） 往復反射が生じやすい例

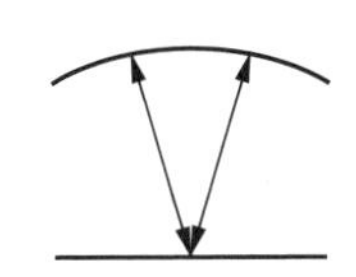

（b） 凹曲面と平面

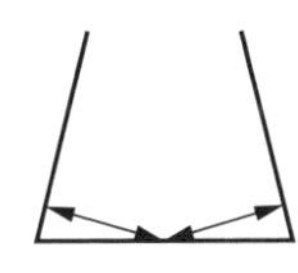

（c） 反射面の方向に壁を傾けても改善しない例

（d） 吸音面の偏在

図 4.9 フラッタエコーが生じやすい例

〔5〕 **ブーミングの防止** 　小空間では周波数軸上の固有振動の密度が小さいため，特定の低い周波数が強調され**ブーミング**（booming）が起きる。特に直方体室で 3 辺の寸法が簡単な整数比になると，式（2.25）で決まる固有周波数が縮退してブーミングが起きやすくなる。固有周波数が周波数軸上できるだ

け均等に分布するように，3辺の寸法比として黄金比$(\sqrt{5}-1):2:(\sqrt{5}+1)$や，$2^{n/3}$や$5^{n/3}$（$n$は任意）のような数値を用いる方法がある。また，壁面を傾けることで平行壁面をなくして室形状を不整形にすることや，ブーミングの発生する低周波数域を吸音するなどの対策も有効である。

4.2.3 拡　散　体

音響障害を取り除いたり，音場の拡散性を高めたりして残響の質を高めるために拡散体が設置される。ここでは拡散体について概説する。

〔1〕 **拡散体の効果**　 **図4.10**（a）のように，平面から強い単一反射音が到来すると直接音と干渉し，周波数特性に等間隔のピーク・ディップが生じてカラーレーションを生じる場合がある。壁面を拡散処理すると，図（b）のようにピーク・ディップが小さくなり周波数特性が平たん化する。

2次元空間において，音が発せられてから400 ms後の音波伝搬の様子とイ

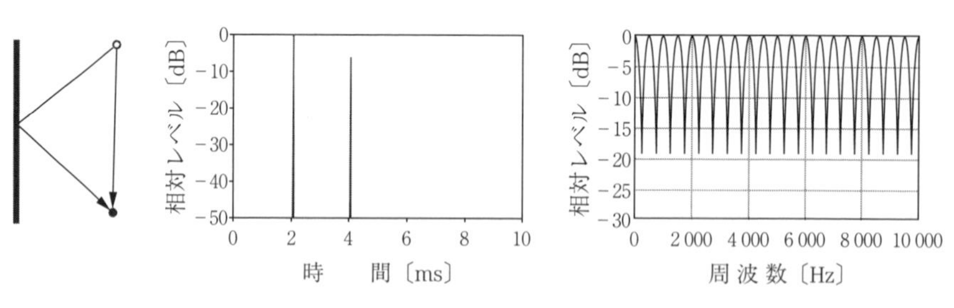

（a） 壁面が平面の場合

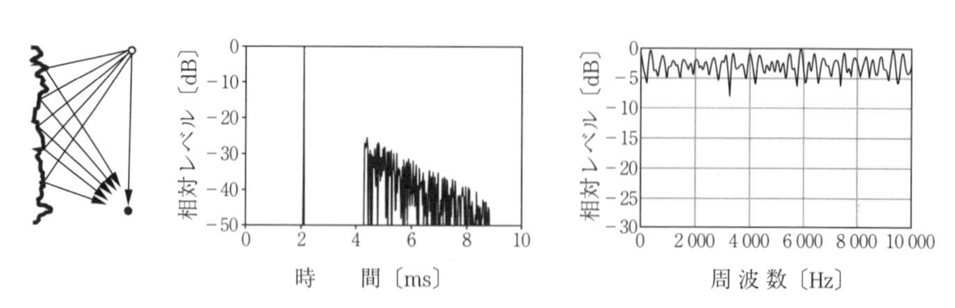

（b） 壁面を拡散処理した場合

図4.10　拡散体によるカラーレーションの防止

ンパルス応答を，**時間領域有限差分**（finite difference time domain, **FDTD**）**法**によってシミュレーションした結果を**図 4.11** に示す。図（a）は拡散体を設置しない矩形室，図（b）は拡散体を設置した矩形室における結果である。音波の伝搬をみると，拡散体を設置しない矩形室（a）では波面が明確になっており，壁面で鏡面反射された音が空間を伝搬している様子がわかる。一方，拡散体を設置した矩形室（b）では波面はほとんど認められず，壁面で音が拡散されて室全体が均質化しているのがわかる。インパルス応答を比較すると，拡散体を設置しない矩形室（a）は振幅の大きい鏡面反射音が離散的に到来しているのに対して，拡散体を設置した矩形室（b）では振幅は小さくなるが反射音密度が高くなることがわかる。

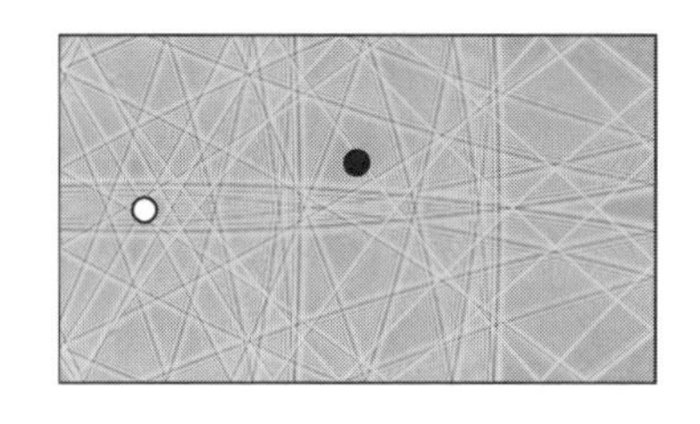

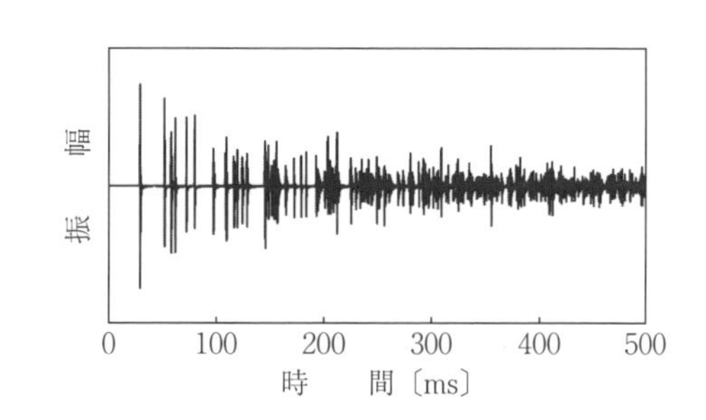

（a）　矩形室（拡散体なし）

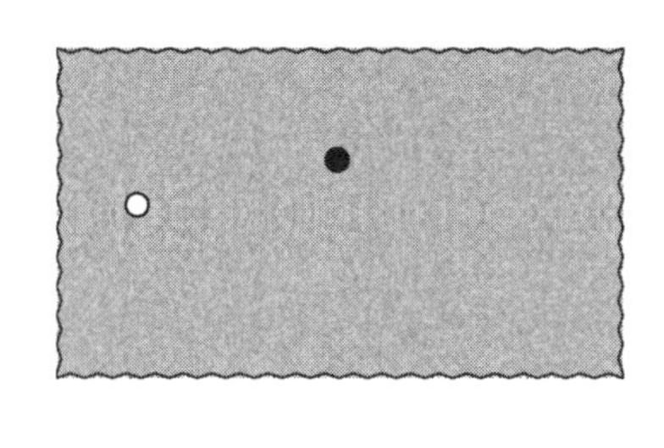

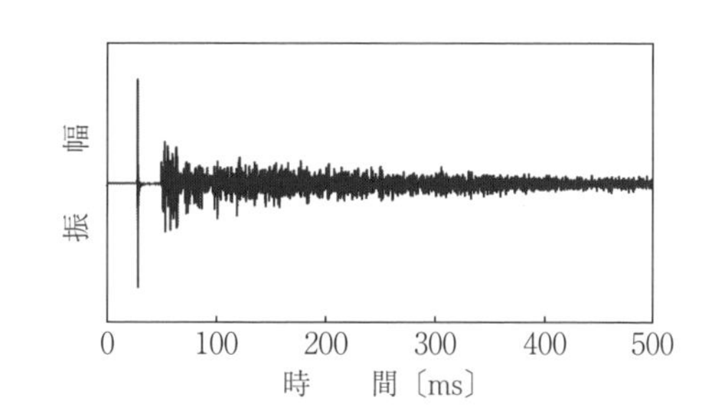

（b）　矩形室（拡散体あり）

○：音源　●：受音点　設置した拡散体　0.25 m　1.5 m

図 4.11　音が発せられてから 400 ms 後の音波伝搬の様子とインパルス応答

〔2〕 **音の波長と拡散体寸法の関係**　　拡散体の効果はその大きさと音の波長に依存するので，以下の点に留意して用いる必要がある。

① 拡散体寸法に比べて音の波長が十分大きい場合，拡散体の効果はほとんどない。

② 拡散体寸法と音の波長が同程度のとき，入射音は乱反射される。

③ 拡散体寸法に比べて音の波長が十分小さい場合，拡散体の形なりに鏡面反射される。

したがって，例えば**図 4.12** に示すような円筒形や三角形の断面を持つ拡散体の場合，幅 a を拡散させたい音の波長 λ と同程度とし，高さ b は幅 a の 15 ～ 30％程度とする。他の形状も基本的にこれと同様に考えればよい。さまざまな周波数の音を拡散させたい場合には，さまざまな寸法の拡散体を設置することによって広範囲の周波数の音を拡散させることができる。

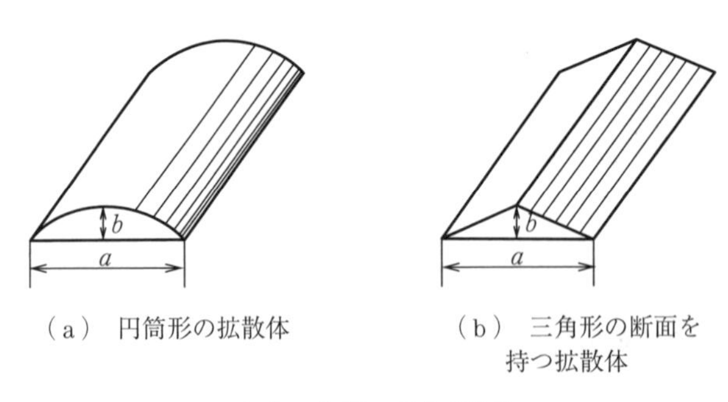

（a） 円筒形の拡散体　　（b） 三角形の断面を持つ拡散体

$a \fallingdotseq \lambda, \quad 0.15\,a \leqq b \leqq 0.3\,a$

図 4.12 各種の拡散体の寸法

〔3〕 **シュレーダー拡散体**　　シュレーダー[1),2)]は，整数論を応用して壁面による音の拡散を最適化する手法を開発した。**図 4.13** は 1 次元の**シュレー**

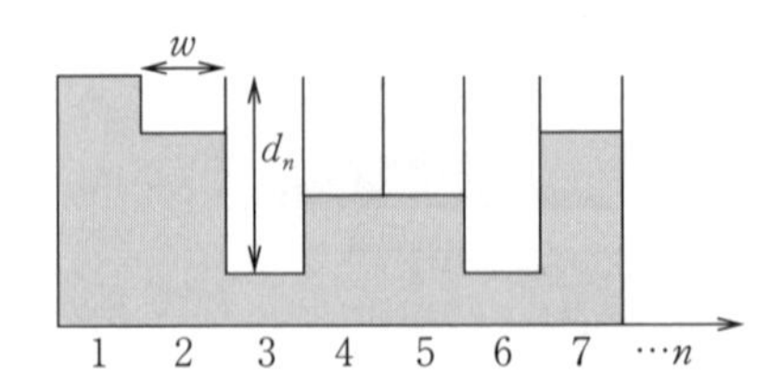

図 4.13 シュレーダー拡散体の断面

ダー拡散体（Schroeder diffuser）の断面で，深さ d_n が異なる複数の等幅 w の**溝**（well）で構成される。各溝は薄い仕切りで区切る。仕切りはできるだけ薄いほうがよいが，薄すぎると振動によって音響エネルギーが失われるので注意を要する。

溝の中では深さ方向に平面波が伝搬して，溝の底で反射して再放射されると仮定する。この仮定が成立する条件として溝幅 w は次式を満たす必要がある。

$$w=\frac{\lambda_{\min}}{2} \tag{4.1}$$

ここで，$\lambda_{\min}$ はこの拡散体が対象とする音の最小波長である。n 番目の溝の深さ d_n は次式で求める。

$$d_n=\frac{s_n\lambda_0}{2N} \tag{4.2}$$

ここで，λ_0 は対象とする音の波長で，N は溝の数である。なお，s_n は**平方剰余数列**（quadratic residues）であり，次式で与えられる。

$$s_n=n^2 \bmod N \tag{4.3}$$

溝の数 N は拡散させる周波数範囲の波長の最大最小比で奇数の素数とする。

$$N=\frac{\lambda_{\max}}{\lambda_{\min}} \tag{4.4}$$

平方剰余数列を用いたシュレーダー拡散体は**QRD**（quadratic residue diffuser）とも呼ばれる。ここでは1次元のQRDについて説明したが，2次元平方剰余数列を用い，2次元平面上に溝を配列した2次元QRDなども開発されている。また，シュレーダー拡散体は周波数によっては著しい吸音性を示すことが明らかにされており，使用にあたってはこの点にも注意する必要がある。

〔4〕 **散乱係数（乱反射率）と拡散係数**　拡散体の効果を表す指標として，散乱係数（乱反射率）や拡散係数がある。

図4.14に示すように，壁面で音が反射する際，反射波は鏡面反射成分と散乱反射成分（非鏡面反射成分）に分けられる。壁面の全反射エネルギー $E_{\text{total}}=(1-\alpha)$ に対する鏡面反射成分 $E_{\text{spec}}=(1-\alpha)(1-s)$ 以外のエネルギーの割合が，**散乱係数**または**乱反射率**（scattering coefficient）として定義されている。

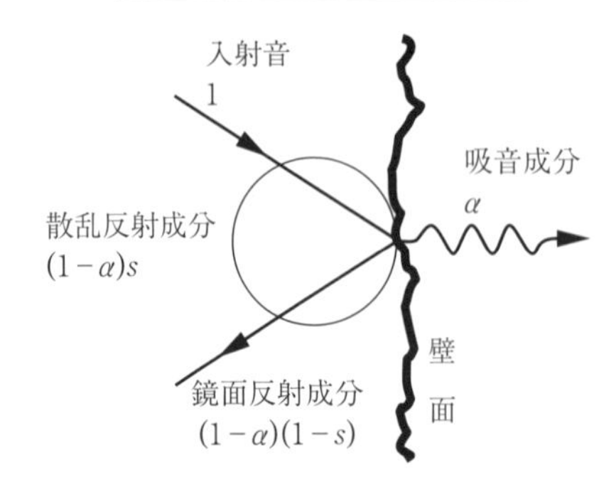

図 4.14　散乱係数（乱反射率）の定義

$$s=1-\frac{E_{\text{spec}}}{E_{\text{total}}}=\frac{\alpha_{\text{spec}}-\alpha}{1-\alpha} \tag{4.5}$$

ここで，α は試料表面の吸音率，α_{spec} は**鏡面吸音率**（specular absorption coefficient）で，鏡面反射成分のみを反射エネルギーとみなした場合の吸音率である。完全鏡面反射では $s=0$ となる。散乱係数の測定法は ISO 17497-1[3] で規定されている。**図 4.15** は角柱と半円柱の散乱係数の測定結果であり，拡散体の寸法や形状，配置パターンによって散乱係数の周波数特性が異なるのがわかる。

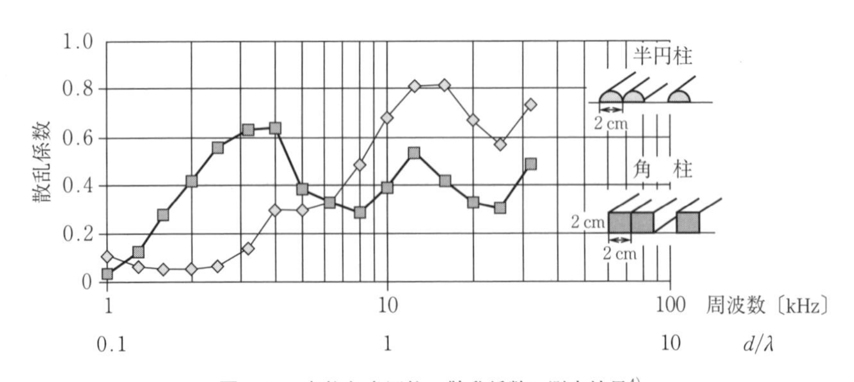

図 4.15　角柱と半円柱の散乱係数の測定結果[4]

拡散係数または**指向拡散度**（diffusion coefficient）は，拡散体の反射指向性を評価する指標で次式によって定義される[5),6)]。

$$d_{\phi}=\frac{\left(\sum_{i=1}^{n}10^{L_i/10}\right)^2-\sum_{i=1}^{n}\left(10^{L_i/10}\right)^2}{(n-1)\sum_{i=1}^{n}\left(10^{L_i/10}\right)^2} \tag{4.6}$$

ここで，L_i は拡散体から等距離に配置された複数の測定点での音圧レベルで，同心半円上または同心半球面上で等角度おきに測定される。n は測定点数，ϕ は拡散体への音波の入射角である。d_ϕ は拡散体に入射角 ϕ で音波が入射した際の反射指向特性の無指向性からのずれの程度を表している。無指向性の場合 $d_\phi=1$ となり，単一方向のみに反射する場合は $d_\phi=0$ となる。式 (4.6) によって得られる拡散係数は，特に低音域においては拡散体そのものの性能に加え拡散体端部からの端部散乱の効果も含まれてしまうという問題がある。そこで，同様の方法で拡散体と同じ大きさの平板の拡散係数 $d_{\phi,r}$ を測定して端部散乱の効果だけを求める。この $d_{\phi,r}$ を用いて端部散乱の影響を取り除いた拡散体だけの効果として，**正規化拡散係数**（normalized diffusion coefficient）$d_{\phi,n}$ が次式のように規定されている。

$$d_{\phi,n}=\frac{d_\phi-d_{\phi,r}}{1-d_{\phi,r}} \tag{4.7}$$

図 4.16 は，拡散体として半円柱の本数を変化させたときの正規化拡散係数の測定結果である。図より，拡散体形状が同じであっても本数が異なると拡散係数が変化するのがわかる。半円柱 1 本の場合が最も無指向性に近く，300 ～ 1 000 Hz の中音域においては本数を増やすほど拡散係数が低下している。

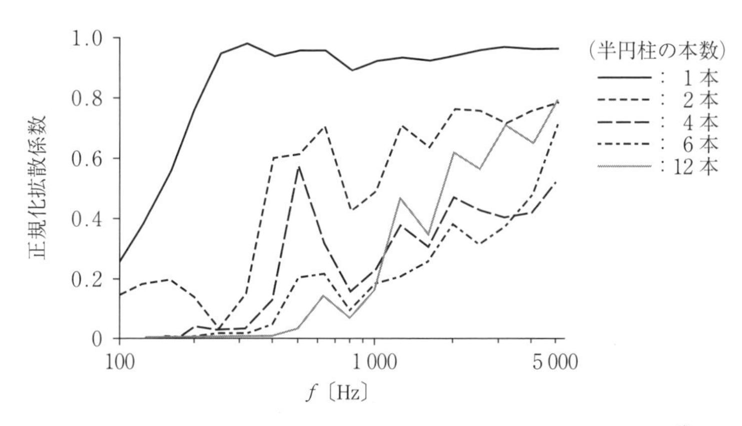

図 4.16　円柱の本数を変化させたときの正規化拡散係数の測定結果[7)]

〔5〕 **散乱係数を取り入れた残響理論**　拡散体により壁面反射の拡散性が変化すると音場の拡散性も変化する。散乱係数と音場の拡散性に関する理論的枠組みがHanyu[8),9)]やOmoto[10)]らにより提案されている。その枠組みの中で，音場の拡散性を定量化するための室の**平均散乱係数**（average scattering coefficient），**平均散乱時間**（mean scatter time），**拡散時間**（diffusion time）などの概念が示されている。例えば，平均散乱係数は音波が壁面に反射される際に散乱される平均確率を表し，これが大きい音場は室内を伝搬する音波が散乱される確率が高く，結果として音場の拡散性も高くなる。この理論的枠組みを用いると，残響減衰を鏡面成分（一度も散乱されていない成分）と拡散成分（少なくとも一度は散乱された成分）などに分けて計算できる。

図4.17は，音場拡散の理論的枠組みに基づいた残響減衰の理論計算（図（a））と音線法によるインパルス応答のシミュレーション結果（図（b））を比較したものである。室は一辺10 mの立方体で，音源，受音点ともに室の重心である。図（a）の実線Nが鏡面成分，一点鎖線D+Sが拡散成分を表している。平均散乱係数$\overline{\beta}$が大きくなるに従って鏡面成分の減衰が急になり，拡散成分の成長が早まることがわかる。図（b）のインパルス応答をみると，平均散乱係数$\overline{\beta}$が大きくなるに従って反射音エネルギーの変動が徐々に小さくなり，滑らかな減衰への移行が早い。図（a）と図（b）を比較すると，図（a）の鏡面成分と拡散成分が，図（b）のエネルギー変動と滑らかな成分（白くみえる部分）にそれぞれ対応しているのがわかる。

壁面反射の拡散性が変化すると，残響減衰曲線が変化して残響時間に影響する場合がある。Sakuma[11)]は，2.4.7項で述べた平田らの残響理論に散乱係数を組み込み，壁面反射の拡散性の影響を考慮した直方体室の残響理論を提案している。また，Kanev[12)]も散乱係数を組み込んだ直方体室の残響理論を提案しているが，べき乗則減衰が含まれるところがSakumaの理論と異なっている。

以上述べたように，壁面反射の拡散性が音場の拡散性や残響に及ぼす影響に関する研究は現在進展中であり，今後，音響設計に利用できる可能性がある。

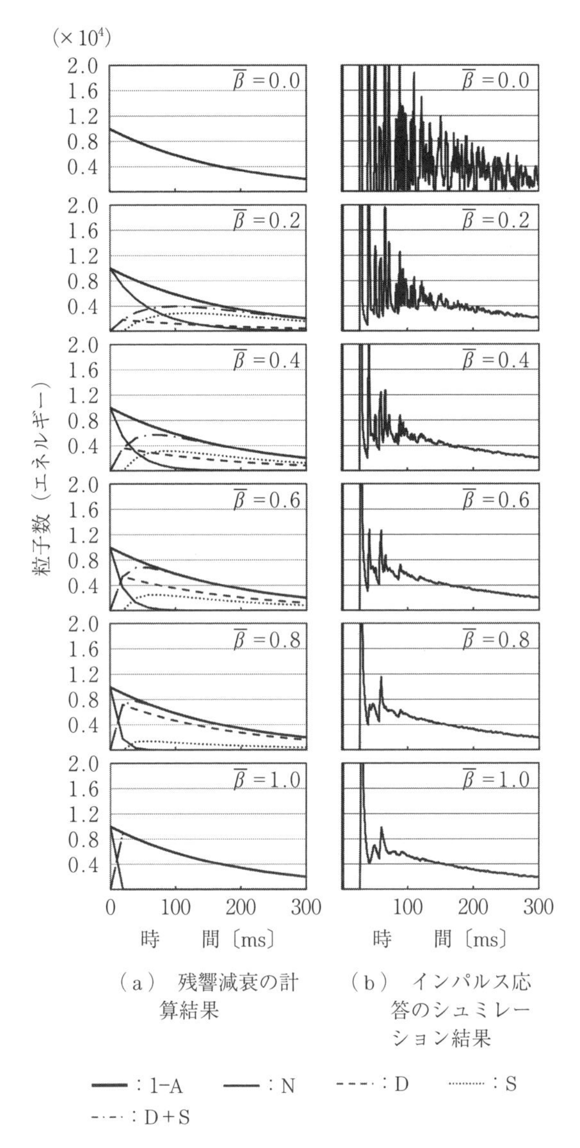

図 4.17　音場拡散の理論的枠組みに基づいた残響減衰の計算結果（図（a））と音線法によるインパルス応答のシミュレーション結果（図（b））[9)]

4.3 残響の設計

室内音響設計において残響の設計は最も基本的かつ重要な事項である。残響はおもに残響時間と平均音圧レベルの2つによって特徴付けることができる。残響時間と平均音圧レベルは2.4節および2.5節で述べた方法によって設計時に計算できる。本章で述べる「残響の設計」は，室形状によらない室の基本的な音響性能の設計であり，実際の室内音響設計では4.2節で述べた「室形状の設計」と併せて実施される。

4.3.1 最適残響時間

残響は音楽に豊かな響きを与えるので，演奏空間では長めの残響時間が好まれる。一方，残響時間が長いと音声の明瞭性が損なわれるため，講堂や会議室などでは短めの残響時間が好まれる。このように最適な残響時間は室用途によって異なるため，設計目標となる残響時間は室用途を考慮して決定する必要がある。その際の目安となる**最適残響時間**（optimum reverberation time）が多くの研究者から推奨されている。

図4.18はBagenel，Wood，Beranek，Knudsen，Harrisらが提案した用途別の最適残響時間を比較したものである。最適残響時間は500 Hzの値で室容積の関数として表されており，提案者によってかなり差がある。例えばコンサートホールの場合，Knudsen-HarrisよりBagenal-Woodが提案した最適残響時間のほうが長めである。このように，最適残響時間は唯一客観的な物差しではなく，提案者の見解や歴史的伝統による好みの差が現れており，設計目標の1つの目安ととらえるとよい。最適残響時間の大まかな傾向は提案者によらず一致する。室用途に関しては，講義室・会議室・演劇ホールなど音声を主用途とする空間，オペラハウスなど音声と音楽の両方が重要な空間，コンサートホールなど音楽演奏・聴取を主用途とする空間などに分けられ，最適残響時間はこの順で長くなる。室容積が大きいほど最適残響時間が長いというのも共通の傾向である。仮に室容積によらず最適残響時間を一定とすると，小空間ほど平均

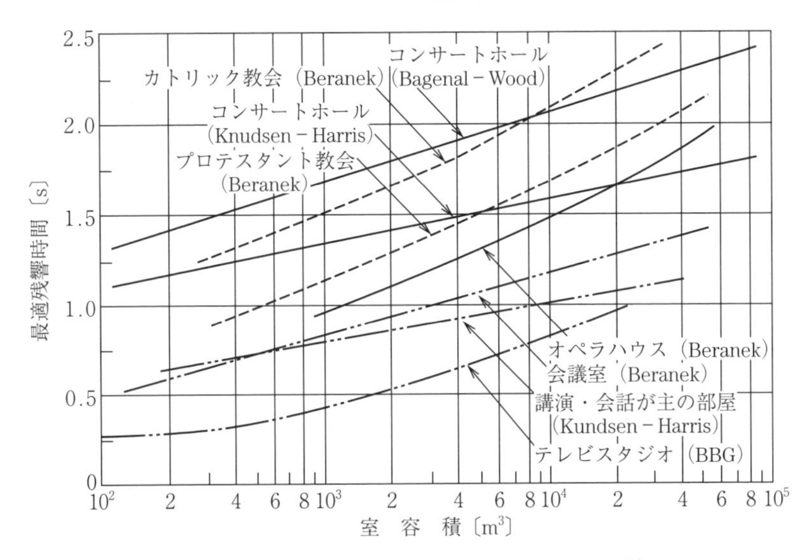

図 4.18 用途別の最適残響時間（500 Hz）の比較[13)]

吸音率を小さくする必要があり，平均音圧レベルが大きすぎてうるさい空間となってしまう。その逆に，大空間では平均音圧レベルが小さく音量感の乏しい空間となってしまう。残響時間だけでなく平均音圧レベルも適切に保って自然な残響感を得るために，室容積が大きいほど最適残響時間は長くなっている。

聴感上の残響感は周波数帯域ごとの残響時間にも関係しているため，**図 4.19** のように用途別の残響時間周波数特性が多くの研究者によって推奨されている。コンサートホールでは中音域に対する低音域の残響時間はやや長めで，125 Hz 付近の残響時間比が 1.5 程度が望ましいとされている。それに対して高音域は，一般的には空気吸収の影響で必然的に短くなるため，4 000 Hz 以上の高音域では中音域に比べて短めの残響時間が自然である。低音域の残響は音声の明瞭性を阻害するので，講演や講義など音声伝達が主用途となる空間では低音域は短めが良い。拡声システムの使用を主としたポピュラー音楽用ホール，ライブハウス，多目的ホールなどでは平たんな周波数特性が好ましいとされる。

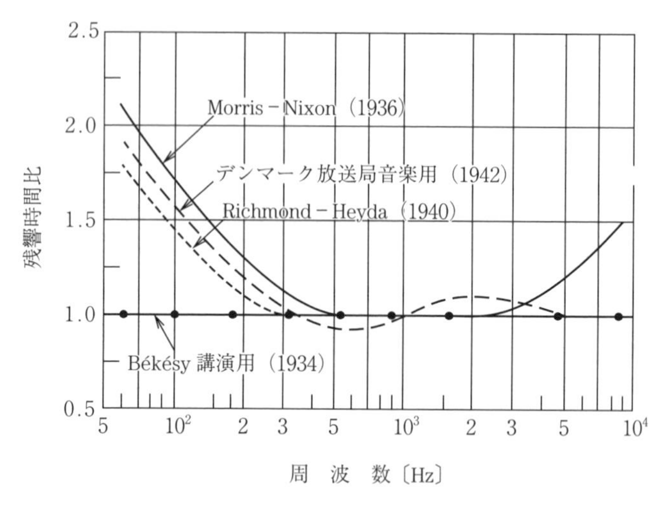

図 4.19　用途別の残響時間周波数特性の推奨値の比較

4.3.2　平均吸音率

室用途に応じて最適残響時間を設計目標とし，これを満たすように内装材料を選定することになるが，おおよその目安として平均吸音率で目標値を置き換えることができる。一般に平均吸音率が低く響きすぎると音声が不明瞭になり喧噪感も増す。一方，平均吸音率が高すぎると耳を圧迫するような不快感をもたらす。教会やコンサートホールなどある程度響きが必要な空間やスタジオのような響きを抑える空間は別として，一般的な室の響きとして違和感がないのは，平均吸音率がおよそ 0.2 ～ 0.35 の範囲である。室の響きを表現するとき，反射音が多くよく響く感じを**ライブ**（live）といい，反射音が少なく直接音が強いと**デッド**（dead）または**ドライ**（dry）という。平均吸音率 0.2 以下ではライブ，0.15 以下でかなりライブ，0.35 以上でかなりデッドである。これは室容積によらず多くの建築空間に当てはまる。そのため，特に最適残響時間の推奨値のないさまざまな建築空間においても，平均吸音率は設計目標の目安として有効である。**表 4.1** に，室の種類と平均吸音率の設計目標の目安を示す。

表 4.1 室の種類と平均吸音率の設計目標の目安[14),15)]

	室 の 種 類	平均吸音率
ホール・劇場	コンサートホール	0.18 ～ 0.25
	オペラハウス	0.25 程度
	多目的ホール	0.25 ～ 0.30
	劇　　場	0.30 程度
スタジオ	テレビスタジオ	0.40 程度
	ラジオ用スタジオ	0.25 ～ 0.35
	録音スタジオ	0.35 程度
学校施設	普通教室*1	0.20 程度
	体 育 館*2	0.20 程度
	講堂（式典用）*2	0.25 程度
	視聴覚室，難聴学級教室など*3	0.30 程度
その他	事 務 室	0.30 程度
	会 議 室	0.25 ～ 0.30
	病　　室*4	0.15 以上
	診 療 室*4	0.15 以上

＊1：200 m^3 程度の室容積を想定，　＊2：5 000 m^3 程度の室容積を想定，　＊3：300 m^3 程度の室容積を想定，　＊4：什器や機器の吸音を除いた室のみの値

4.3.3 室容積の確保

セイビンの残響式（2.59）によれば，残響時間は室容積に比例し，等価吸音面積に反比例する。聴衆は大きな等価吸音面積を持つため，聴衆の人数に応じて室容積が確保されなければ，残響時間が適切な長さに設計できなくなる。聴衆 1 人当りの室容積が小さすぎると，聴衆の等価吸音面積で残響時間がほぼ決まってしまい，壁面材料の選択による残響設計の余地がなくなってしまう。そこで目標とする残響時間周波数特性を達成するために，まず聴衆 1 人当りの室容積を確保して残響時間を長く設定しておき，壁面材料の選定によって等価吸音面積を調整しながら残響時間を減らす方向で設計する必要がある。

一方，1 人当りの室容積が大きすぎると音響エネルギー密度が小さくなり，音量感に乏しく迫力に欠ける残響になってしまう。また室容積が大きいと，高音域では壁面による吸音よりも空気吸収による吸音が支配的となり，結果として壁面材料の選定による設計効果が現れなくなってしまう。以上のことから，

用途に応じて聴衆1人当りの室容積がある程度決まってくる。コンサートホールでは聴衆1人当り8～12 m^3，オペラハウス・多目的ホールでは6～8 m^3，劇場・映画館・講堂では4～6 m^{3}程度がよいとされている。

4.3.4 壁面材料の選定と吸音計画

〔1〕 **必要吸音量の決定**　設計目標となる残響時間Tと室容積Vが決まれば，2章で述べた残響公式（2.59），（2.67），（2.72）によって，必要となる等価吸音面積Aが決まる。等価吸音面積から聴衆の等価吸音面積を差し引いたものが，壁面や天井の吸音によって付加すべき等価吸音面積となる。

〔2〕 **聴衆の多少による影響**　コンサートホールなどでは，聴衆の吸音がかなりの割合を占めるため，満席と空席時で残響時間に大きな差を生じる場合がある。聴衆のいないリハーサル時の残響時間と，聴衆が入った本番の残響時間が同じであることが望ましい。そこで，満席時と空席時の両方の場合について残響の計算を行い，その差をできるだけ小さくするために，ヒトの吸音特性に近い椅子を使用するのがよい。しかし，ヒトが座ったときに過大な吸音とならないよう注意が必要である。

〔3〕 **吸音配置**　残響式による計算は吸音面の位置には依存しないが，実際には吸音の配置は重要である。吸音面の配置が極端に偏ると，音場が残響式の前提である拡散音場とかけ離れるため，計算結果は実際と大きく異なってしまう。吸音面は大面積に集中させるよりも，できるだけ音の波長程度の寸法に区切って分散配置するほうが，面積効果によって吸音効率が高まり，音場の拡散のためにも望ましい。面積効果とは同じ素材でも面積が小さいときに吸音率が高めに出る現象である。

〔4〕 **計算対象の帯域と周波数特性**　壁面材料の吸音率データが，125～4 000 Hzのオクターブ帯域で提供されることが多いため，残響の計算もこの帯域ごとに行う。壁面材料の吸音率の周波数特性を考慮し，さまざまな特性の材料を組み合わせつつ，試行錯誤を繰り返しながら目標とする残響時間周波数特性に近づけていく。なお，計算は基本的に式（2.67）のアイリングの残響式を

用いる。空気吸収が大きくなる 2 000 Hz 以上の周波数帯域では，室容積の大きい室は式 (2.72) のアイリング-ヌートセンの残響式を用いるが，小さい室はアイリングの残響式をそのまま用いてもよい。

〔5〕 **残響の可変** 室の用途が多目的の場合，用途に応じて残響を可変したいという要望が出ることがある。そのようなときには，反射壁面の前面に開閉可能なカーテンや幕などを設置する方法がある。その場合，反射壁面とカーテン・幕の間の空気層を深くとることが望ましい。カーテンや幕で可変する面積が室の総表面積に比べて，ある程度の割合を占めていないと開閉による可変効果は期待できない。

4.4 シミュレーションと模型実験

4.3 節までに紹介した室形状や残響設計，さらに拡散成分まで含めた音響設計の妥当性は，何らかの方法での検証が必要である。現在では数値シミュレーションが広く一般的な手法として認識されている。なお，コンピュータの性能は年々向上しているが，高周波数までを波動的に解析するまでには至っておらず，幾何的な手法が用いられている。

またさらなる確認のために，縮尺模型実験が併用されることもある。おおむね 1/10 程度の縮尺で，波長を合わせるために周波数を 10 倍にして実験を行うことが多い。

4.4.1 幾何音響シミュレーション

音の波動性を無視して，その伝搬を幾何的に取り扱うシミュレーション手法である。音のエネルギーは音線と呼ばれる仮想の線に沿って，あるいは仮想の粒子として伝搬し，その軌跡は Fermat の原理に従って最短の経路を進む。光学の分野からの類推であり，確固たる理論的な根拠があるわけではない。音線や音の粒子が境界に衝突した場合，幾何的な鏡面反射や散乱，吸音などを適切に選ぶことになる。具体的なシミュレーションの手法としては，以下に示す鏡像法と音線法に大別できる。

〔1〕 **鏡像法**　　虚像法とも呼ばれる。**図4.20**に鏡像法の考え方を示す。ある位置に配置した音源に対して，各境界面で生じる鏡像を求め，その鏡像音源群が同時に音を発生して受音点に寄与を与えるものと仮定する。鏡像は反射の回数に対応して任意の段階まで求めることができるが，その回数が増えるに従って数が急激に増加するため，通常数回の反射までを取り扱う程度である。各音源からインパルス状の音が生じると仮定すると，それぞれの位置に対応して距離減衰と遅延を伴って受音点まで到達し，インパルス応答を構成することになる。

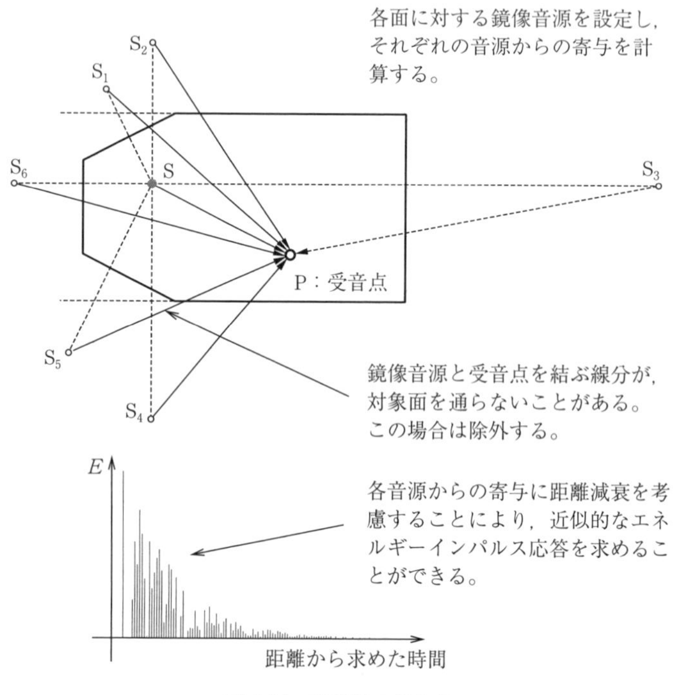

図4.20　鏡像法の考え方

この方法では平面での吸音率を考慮することが可能であり，ここで周波数特性を持たせることで，本来幾何音響学では考えない周波数の概念も取り入れることができる。また鏡像を作るということは，境界面での鏡面反射を仮定していることになる。通常これは反射面が十分に広く，複数のFresnel zoneが含まれる場合に成立する条件である。これは音源と受音点位置の関係で定まる条件であり，あまりに小さい反射面での鏡像までを細かく考慮すると，この条件が満たされずに非現実的な反射音を考慮することになり，注意が必要である。また図に示すように，作図はできるものの，物理的には存在しない鏡像音源もあり，それに対応した例外処理も必要である。

〔2〕 **音線法**　**図4.21**に音線法の考え方を示す。音線法は音源から出たエネルギーを音線，あるいは仮想的な音の粒子に持たせ，その伝搬を逐次追跡する方法である。この音線が持つエネルギーは伝搬中に減衰しないものと仮定するが，あらかじめ単位立体角当りの本数が決められており，伝搬距離が増加するとともに，単位面積当りの本数密度は低下する。これでエネルギー減衰を模擬する。また，任意に設定した受音“点”を，うまく音線が通過する確率はゼロに近く，そのため受音面や受音領域を設定し，そこを通過した音線の数を

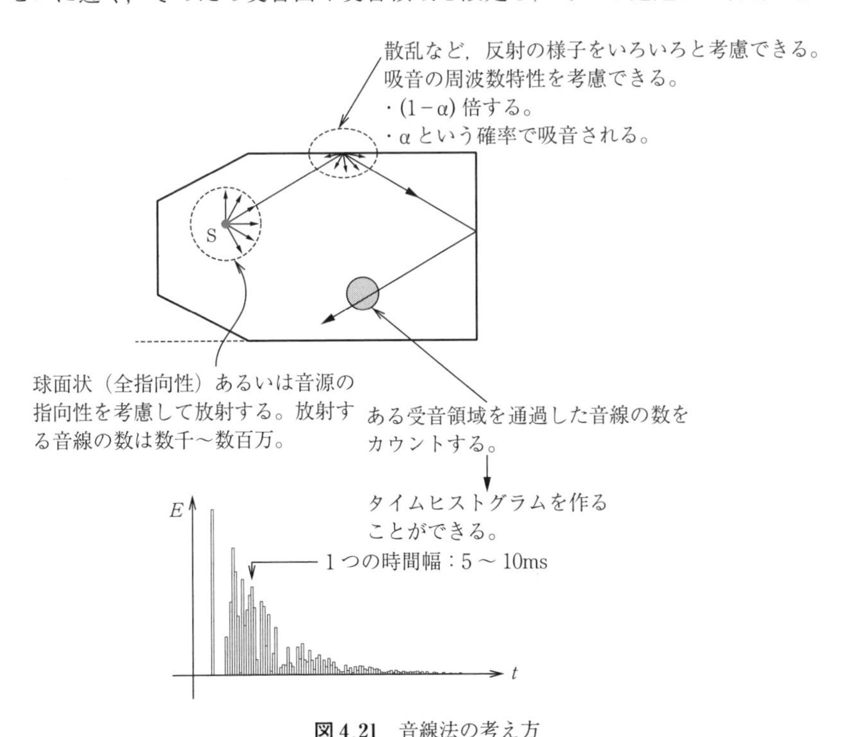

図4.21　音線法の考え方

ある時間幅ごとに計測する。あるいは，音線がコーン状の形状を持って受音点を包含するようなシミュレーションが行われることもある。

いずれにせよ受音点を通過する音線の数がエネルギー量に対応するものと考え，やはり時間履歴としてエネルギー次元のインパルス応答が得られることになる。この方法では，境界での反射の際に吸音や散乱も直感的に認識しやすい方法で取り入れることができる。しかし，例えば各音線が分離してつぎつぎと任意の方向に散乱する方法などは，取り扱う音線の数が反射ごとに膨大になり，現実的な範囲での設定が必要である。

幾何音響シミュレーションは，本来音の波動的な性質を無視して行うシミュレーションである。しかし，あまりにも細かい面に対する鏡像音源や音線の反射を考えることは，物理的に存在し得ない反射音を想定することになり，精度をさらに失うことになる。どの周波数帯域に対応した結果を得るためにはどの程度の寸法の面を考慮すればよいといった明確な指標は存在せず，計算を行うソフトウェアにおけるノウハウ的な側面が大きい。いくつかの商用ソフトウェアが知られており，さらに研究者独自で開発されることも多い。これらでは幾何的なシミュレーションで得られたエネルギー次元の応答を頭部伝達関数と畳み込み，ヘッドホンなどを用いて可聴化することもしばしば行われている。

4.4.2　波動音響シミュレーション

大規模な音場を，波動方程式と境界条件を組み合わせ，さらに音源の駆動条件まで考慮して波動的に解くことは容易ではない。直方体や円形など特殊な形状，あるいは対称性の高い形状あれば解析的に解くことが可能な場合もあるが，その他の一般的な形状の音場に対応するためには，何らかの数値的な手法に頼らざるを得ない。手法としては**有限要素法**（finite element method, **FEM**），**境界要素法**（boundary element method, **BEM**），そして**時間領域有限差分**（**FDTD**）**法**などが多く用いられている。いずれも波長に比べて十分に小さく領域や境界を分割する必要があり，一般的には波長の1/5～1/6程度が用いられる。このため，高周波数帯域まで十分な精度で解析できる状況ではない。また領域分割の煩雑さ，境界条件の設定方法など，それぞれに得意な部分，不得手の部分があり，どの手法が最も優れているとは言い難い。いずれの手法も，特定の周波数で定常的な解を得るのみではなく，例えばインパルス状の波形の伝搬を時系列で可視化できるものが有効である。特定の受音点での時系列の解はそのままインパルス応答に対応することになる。前出の図4.11はFDTD法での計算結果であるが，波面の伝搬の様子が，形状とともに認識できる。

4.4.3 音響模型実験

数値的なシミュレーションで得られた結果を物理的に確認するためには，何らかの実験的な検証が必要である。このために，縮尺模型実験がしばしば行われる。実際の形状を1/10程度のスケールで再現し，この中で音の収録を行う。音の相似則により，波長を1/10にするためには考慮すべき周波数が10倍になる。通常建築音響において評価などに用いられる100 Hz ～ 5 kHzは，1 ～ 50 kHzの可聴域を超えた周波数に至る。この帯域で，境界を構成する材料の吸音特性も相似である必要があり，フェルトやごく薄い吸音材料などが導入される。また空気の吸音特性を近似するために，模型内の媒質を窒素に置換する方法が用いられることもある。

高忠実度の可聴化を考えた場合には，さらに広帯域，特に高周波数の再生と収録が必要である。原理的には高いサンプリング周波数でディジタル信号を用いた測定を行い，これを通常の帯域にコンバートすることで可聴化も可能である。1/10スケールのダミーヘッドを用いた試みも多く報告されている。しかし，例えばヒトの可聴域の上限といわれる20 kHzの10倍である200 kHzの高周波数に至るまで，安定して十分なSN比で音を放射し，指向性も含めて制御可能な小型の音源や，同様に小型で所望の指向性を有する十分な感度のマイクロホン，そしてA-D，D-Aなどを含む測定システムの構築は容易ではなく，今後の課題である。ある程度の帯域に制限されるが，可聴化することで，特にフラッタエコーやロングパスエコーなど，不具合の検出などには有効である。

図4.22に，ホールの模型に設置した1/10スケールの拡散体と実際のホー

（a） ホールの模型に設置した 1/10 スケールの拡散体

（b） 実際のホールに設置した拡散体

図 4.22　ホールの模型に設置した 1/10 スケールの拡散体と実際のホールに設置した拡散体の例

ルに設置した拡散体の例を示す。形状の関係で設置された凹曲面に拡散体を適用して，極端な音の焦点やエコーを防止することが計画され，その効果を確認するために模型が用いられた。

4.5　設 計 の 実 際

4.1 節で述べたように，室内音響設計においては室の用途に応じて設計目標が異なり，それを実現する設計手法も異なる。本節では具体的な空間をいくつか取り上げ，これまで述べてきた音響設計の基本的手法をどのように適用すればよいのか，空間ごとに音響設計の基本的考え方や重要と思われる点，注意すべき点などについて概説する。

4.5.1 コンサートホール

コンサートホールの室内音響設計では，以下の項目を達成することが目的となる。

① 十分かつ適切な音量感が得られること

② 豊かな残響感が得られること

③ 適度な広がり感が得られること

④ 音が明瞭に聞こえること

これらはおもに客席における聴衆のための設計目的である。さらにステージ上の演奏者のために以下の項目も設計目的となる。

① 演奏，合奏がしやすいこと

② 演奏に心地よい適度な残響感が得られること

これらの目的を達成するために，2.7節で述べたさまざまな音の要素感覚とそれに対応する物理指標を用いてより具体的に検討を進めることになる。目的は同じであっても，具体的に目指すホールの音響的特徴はその設計意図に応じて異なってくる。

コンサートホールの音の基本的特徴は，室形状や室容積と大いに関係がある。音響設計の成功のためには，音響設計者が計画初期段階の基本形状と室容積の策定から関わるのが理想である。最近では建築家と音響設計者が最初からチームを組んで設計するケースが増えている。

コンサートホールの平面形状の例を図4.1に示したが，コンサートホールの断面形状の例を**図4.23**に示す。室形状の違いは聴衆に届く反射音のレベル，周波数特性，方向の違いを生むため，室形状の個性は響きの個性に繋がる。室形状は千差万別であるが，大まかには**シューボックス**（shoebox），**ヴィニャード**（vineyard），**扇形**（fan shape），**円形**（circle）・**楕円形**（oval）などに分類できる。

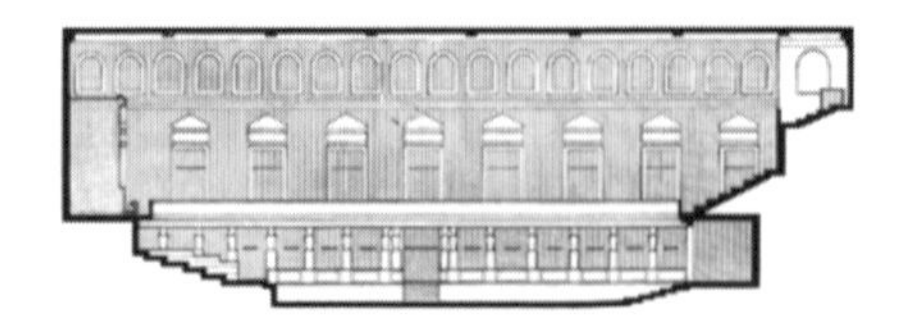

（a） ウィーン・楽友協会大ホール
(1870)

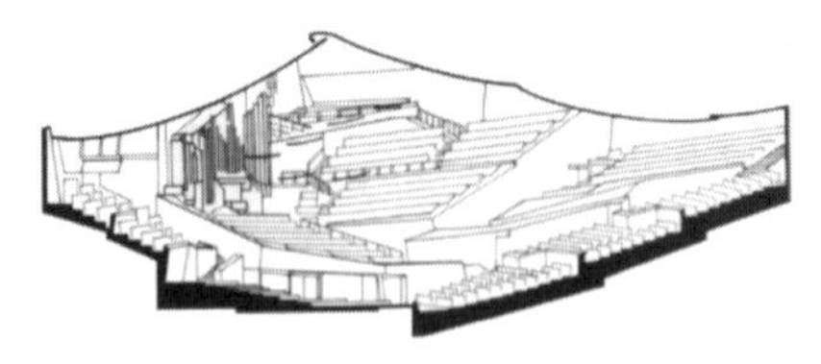

（b） ベルリン・フィルハーモニーホール
(1963)

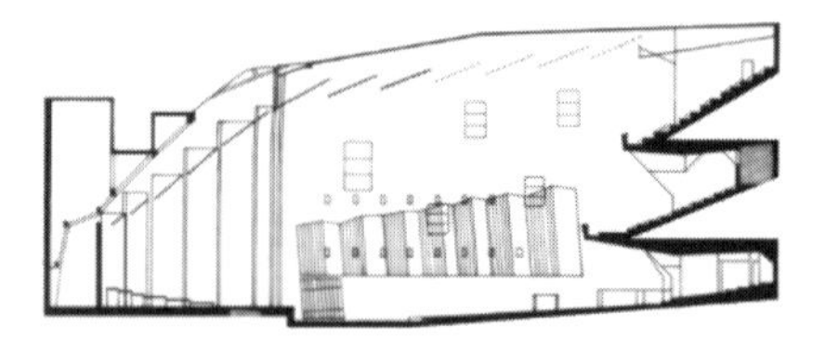

（c） パリ・ザールプレイエル
(1927)

図 4.23 コンサートホールの断面形状の例

シューボックスホールは横幅の狭い直方体を基本形とする。**図 4.24** のウィーン・楽友協会大ホールはシューボックスホールの代表で，その豊かな響きの愛好家は多い。シューボックスホールは，横幅が狭く音響的に重要な側方反射音を聴衆に供給しやすいという特徴がある。一方で，座席数を増やそうとするとステージから遠い席が多くなってしまうという難点もある。そのため 2 000 席以上の大ホールには向かず，適正な規模は 1 800 席程度までといわれている。

ヴィニャードホールは，**図 4.25** のベルリン・フィルハーモニーホールを設計した建築家 H. Scharoun が示した“ホールの真ん中にステージを配置する”というコンセプトに対して，音響設計者の L. Cremer[16] が客席をいくつかのブロックに分け，ブロック間に段差をつけてその結果生まれる小さな壁から初期反射音を供給するという解決策から生み出された。段差をつけた客席ブロックがヨーロッパのブドウ畑に似ていることからヴィニャード型と呼ばれている。ヴィニャードホールは，ステージ上の天井が高くなるため，演奏者に適当な遅れ時間で反射音が返るように天井から浮き雲反射板が吊るされることが多い。

扇形ホールの例としては，図 4.1 のシュツットガルト・リーダハレ・ベー

図 4.24　ウィーン・楽友協会大ホール（1 680 席，1870 年）

図 4.25　ベルリン・フィルハーモニーホール
（2 218 席，1963 年）

トーベンホール（1956）などがある。シューボックスに比べてステージからの距離を短く抑えつつ座席数を多くできるという視覚面の利点はあるが，図 4.3 に示すように，音響的には側方反射音を聴衆に供給することが難しいという面もある。視覚が優先される劇場ではよく採用される形である。

円形や楕円形ホールは，図 4.5 に示したように音の焦点を生じやすく，良好な音響を得ることが難しい形状である。壁面に拡散体を設置して中・高音域において音の焦点を防ぐことは可能であるが，波長が3m以上に及ぶ100Hz以下の低音域を対象に十分な拡散効果を得ることは難しい。それを実現しようとすると室形状そのものに大きな凹凸が必要となり，円形・楕円形とかけ離れてしまう。

ここで述べた室形状は，現存ホールを大まかに分類したものに過ぎない。これに縛られずに新たな室形状が生み出されることを期待したい。最近では**NURBS**（non-uniform rational b-spline）などを用い，複雑な曲面を比較的簡単に設計できるようになってきた。NURBSによる室形状データを音響CADに読み込んで連携することも可能なため，これまで設計が難しかった自由で複雑な曲面がコンサートホールの室形状として採用されつつある。

コンサートホールの音響設計には，基本形状のほかにもバルコニー，拡散体，客席の床勾配，椅子の吸音，ステージのデザイン，残響可変などじつに多くの考慮すべき項目がある。室の基本形状と室容積で音の特徴（方向性）が大まかには決まるが，それ以外のさまざまな項目における検討の積み重ねが最終的な音響設計の成否を決めるといってよい。

4.5.2　講堂・教室

直接音到達後50msまでの初期反射音は音声の明瞭性に寄与するため，教壇近傍の天井を反射面にして第1反射音を十分に利用することで，収容人数が100人以下で静かな環境の教室であれば拡声システムがなくても十分な明瞭性が確保できる。教壇から後壁までの距離が長い場合にはロングパスエコーが生じたり，黒板（特に凹面のもの）と後壁の間でフラッタエコーが生じたりして教壇上の話者が非常に話しにくくなる場合があるため，後壁は吸音処理するか拡散体を設置して音を拡散させるのが望ましい。残響時間が長すぎると音声の明瞭度が低下するので，室の平均吸音率が0.2を下回らないようにする。100人以下であっても空調設備などの暗騒音レベルが高い場合や，100人以上の教室や講堂では拡声システムを検討する必要がある。その際，後壁だけでなく天井や壁面にも吸音処理を施して平均吸音率を0.25～0.3程度とやや高めに設計するとよい。

4.5.3 映　画　館

映画館では電気音響システムによって映画音声が大音量で再生されるため，第一に遮音が重要である。映画に特化した多チャンネルのサラウンドシステムの規格がいくつかあり，映画館に必要とされる遮音性能，平均吸音率，残響時間などが規格ごとに定められている。細かな違いは存在するようであるが，室内音響の観点からは平均吸音率を十分高くしてデッドな空間とすることが共通の要求項目である。映画館特有の項目としては映像と音の方向が一致することが求められる。強い初期反射音や残響は音の定位感を損なうため，それを防ぐために確実な吸音処理が必要である。また，サブウーハーで重低音が再生されることも特徴である。重低音は波長が長いため，映画館のような室容積の大きい空間であっても，モードの影響によって音圧レベルの空間分布に偏りが生じる場合がある。それを防ぐため，吸音材と遮音壁間の空気層を十分深くとって低音域を確実に吸音することも重要である。

4.5.4 オフィス空間

〔1〕 **オフィスの音環境**　わが国のオフィス空間は，ワーカーのデスクが同一空間に複数配置されるオープンプランオフィスが多数を占める。時代によるワークスタイルの変化とともにオフィス空間のあり方も変化し続けており，空間構成もワーカーの座席を固定しないオープンでフラットな非定住型オフィスなども増えている。空間内には電話や打合せなどの会話音声，キーボード打鍵音，パソコンやプリンタなどオフィス機器の音，空調機器の音などさまざまな音が存在する。これらの発生音はワーカーの執務環境を悪化させ，知的生産性を低下させるといわれている。

特に第三者による会話音声はオフィスにおける知的業務を妨害し，生産性低下の原因の1つとされている。この会話音声による妨害については，米国においてW. J. Cavanaugh[17]らがオフィスにおける音環境の不満を「スピーチプライバシー（speech privacy）」問題として取り上げたのを契機にその対策と評価方法が整理されてきた。オープンプランオフィスのスピーチプライバシーに関する評価方法の基準としては，国際規格として ISO 3382-3[18]，米国の基準として ASTM E1130-08[19] などがある。

〔2〕 **オフィスの音環境対策**　図 2.15 の室内音圧分布をみるとわかるように，吸音不足で室定数が小さい場合，ある程度音源から離れると，反射音の影響により音圧レベルがほぼ一定となり距離減衰が期待できなくなる。これは発生音が遠くまで届いてしまうことを意味する。発生音の届く距離が 2 倍になると，1 人のワーカーからみれば 4 倍のエリアからの発生音が聞こえてくることを意味する。したがって，基本的にオフィス空間では吸音処理を施し，発生音の距離減衰を大きくすることが重要である。具体的には天井を岩綿吸音板，床仕上げをタイルカーペットにするなど吸音材で仕上げることが望ましい。特に天井吸音は第一反射音の吸音という点で重要である。また適宜パーティションを設置し，他のワーカーの発生音やプリンタなどの機器からの発生音（おもに直接音成分）を遮音することも検討すべきである。

ワーカーの知的活動には，帳票処理などの定型作業による「情報処理」，知識の収集・加工による「知識処理」，アイデアの創造や提案などの「知的創造」のフェーズがある。また，各フェーズに応じて，集中，リラックス，リフレッシュ，コミュニケーションなどさまざまな状態が必要であり，それらを促す環境を提供することが望ましい。

このようにオフィス空間が必要とする音環境は，知的活動に応じたさまざまな要件を同一空間内において満たす必要があり複雑である。単に内装材に吸音材を用いるというような単純な対策だけでは不十分といえる。プランニングの段階において，知的活動のフェーズや状態に応じたいくつかのゾーンに分け，各ゾーンに必要とされる音環境とは何かを明確にし，ゾーン間の関連性も考慮したうえで音響的な対策を施す必要がある。音響的対策としては，適切なゾーニングによって騒音源とワーカーの距離をなるべく長くすることや，吸音処理やパーティション導入などを基本とし，必要であればサウンドマスキングシステムなども導入して，執務の妨害となる他者の会話音声などをマスクすることも有効である。

4.5.5 スピーチプライバシー

〔1〕 **スピーチプライバシーの種類と用語** 前述したようにスピーチプライバシーの評価・対策は，おもに米国においてその手法が整理され進展してきた。わが国においては，病院や薬局などの医療空間，銀行の窓口などで交わされる会話中の個人情報が他者に聞こえて漏洩する問題としてスピーチプライバシーが取り上げられる場合が多い。スピーチプライバシーは，周囲の会話で執務が妨害される問題と，周囲に聞かれたくない会話が聞かれてしまう情報漏洩の問題の大きく2つに分けられる。Cavanaughらが用いたスピーチプライバシーのレベルと定義を**表4.2**に示す。スピーチプライバシーは音声の明瞭度に関連しており，「normal privacy」は執務における会話妨害感と対応し，「confidential privacy」は会話音声に含まれる情報漏洩に対応している。後者のほうが音声明瞭度をより小さくすることが求められる。

表4.2 スピーチプライバシーのレベルと定義[17)]

スピーチプライバシーのレベル	定　義
confidential	会話は聞こえるが，単語は聞き取れない
normal	会話中の単語が聞き取れる場合もあるが，文章全体は理解できない
marginal	ほとんどの会話が聞き取れ，理解できる
no privacy	会話がすべて理解できる

〔2〕 **スピーチプライバシー対策の概略** スピーチプライバシー対策の目的は，話者の会話内容を聞き手に聞き取られないようにすることである。そして対策時に以下について同時に考慮する必要がある。

① 話者の会話のしやすさを確保すること

② 室内の全員が音を不快に感じないこと

スピーチプライバシー対策の建築的な手法として，**図4.26**に示すように室

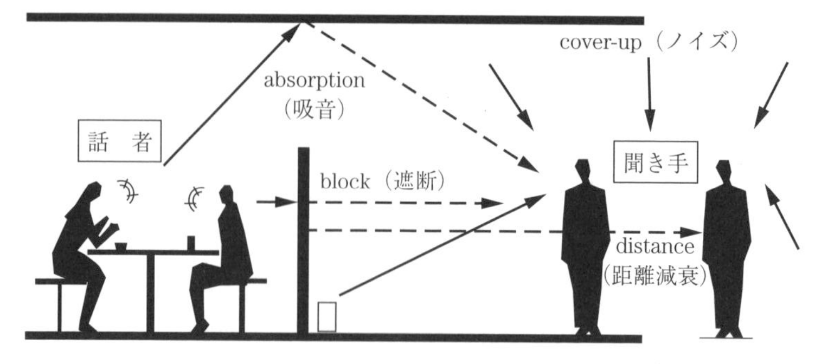

図 4.26　設計における音響的要素：ABCD ルール[20)]

の吸音（absorption，対策 A），パーティションによる会話音声の遮断（block，対策 B），付加妨害音による会話音声のマスキング（cover-up，対策 C），話者と聞き手の距離を大きくする（distance，対策 D）の 4 つの対策，いわゆる ABCD ルールがある。

スピーチプライバシーの基本的な評価指標として SN 比がある。SN 比〔dB〕は，「音声レベル〔dB〕－暗騒音レベル〔dB〕」で定義される。一般に，SN 比が小さいほど音声了解度は低減する。すなわちスピーチプライバシーは向上する。**図 4.27** に SN 比と音声了解度の関係を示す。

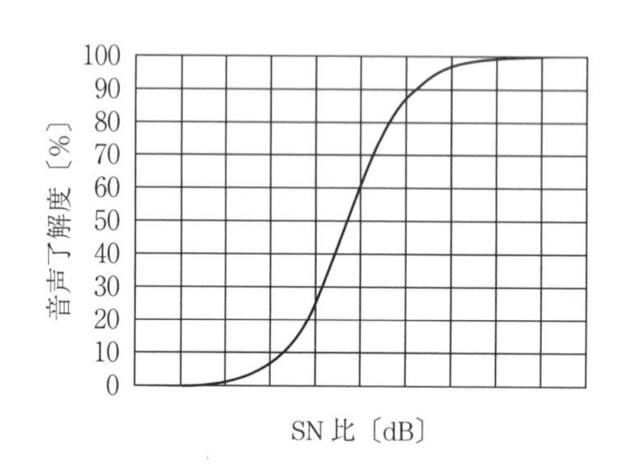

図 4.27　SN 比と音声了解度の関係

スピーチプライバシーのための設計は，SN 比を小さくして音声了解度を下げることが基本となる。そのために以下の 2 つの対策がある。

① 聞き手位置における会話音声レベルを下げる：話者と聞き手間の音圧レベルの減衰を大きくする（対策 A，B，D）。

② 付加妨害音により聞き手位置における暗騒音レベルを上げる（対策C）。

付加妨害音が異なると，再生レベルが同じであっても音声了解度を低下させる効果は異なる。一方，効果が高くても不快に感じる付加妨害音は避けるべきである。不快に感じさせない再生レベルで効果を発揮するような付加妨害音を用いる必要がある。

〔3〕 **ABCD ルールの効果と注意点**　対策の対象となる会話音声は，図4.26 に示したように，話者から聞き手に直接届く直接音と，壁面や床，天井からの反射音からなる。**図 4.28** に，スピーチプライバシーの音響的要素の時系列における概念図を示す。

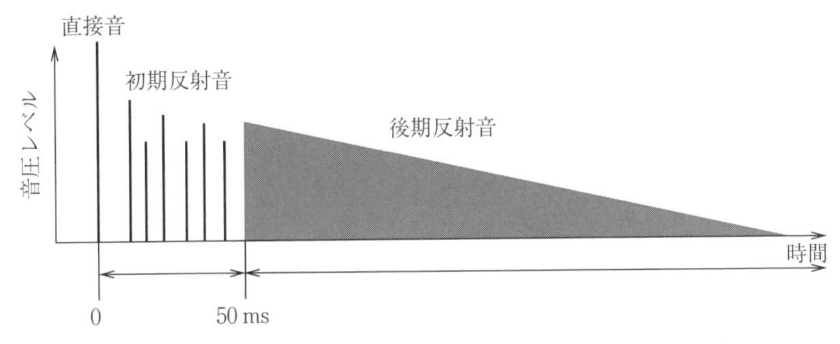

図 4.28　スピーチプライバシーの音響的要素の時系列における概念図

反射音は直接音到達後 50 ms 以内に到達する初期反射音と，それ以降に到達する後期反射音に分けられる。図 4.27 に示した音声了解度と SN 比の関係において，初期反射音は信号成分（S），後期反射音はノイズ成分（N）となるため，初期反射音が大きいほど SN 比が向上し，後期反射音が大きいほど SN 比は低下する。つまり，初期反射音は音声了解度を向上させ，後期反射音は低下させる働きがある。ABCD ルールの各対策には以下の効果がある。

（対策 A）：反射音レベルを低減させる。直接音に対しては効果がない。聞き手に届く天井や壁からの初期反射音を吸音することは，音声明瞭度を低下させるため，スピーチプライバシー向上に効果がある。一方，吸音は後期反射音レベルを低下させるため，音声了解度が向上してスピーチプライバシーが低下する場合がある。このように，吸音は室によって効果が異なるため専門家に相談するのが望ましい。（対策A）は，吸音は会話音声レベルSと暗騒音レベルNの両方を下げるため，吸音だけではSN比があまり低下しないことがある。その場合，付加妨害音などを導入して暗騒音レベルを上げる必要がある

（対策B）：直接音レベルを低減させる。残響音は室に一様に分布する傾向があるので，残響音に関しては効果がなく，直接音が支配的な音源近傍に設置する必要がある。

（対策C）：聞き手位置における暗騒音レベルを上げる。付加妨害音を用いる場合には，不快に感じないレベルに設定する。

（対策D）：話者と聞き手の距離を離して聞き手に到達する直接音レベルを低減させる。残響音に関してはあまり効果がない。

4.5.6　公共空間

駅や空港など不特定多数の人が利用する空間において室内音響設計はきわめて重要である。一般に大規模空間となる公共空間で吸音が不足すると，残響時間が長くなり暗騒音レベルが上昇する。それによって喧噪感が増して落ち着かない空間となるばかりでなく，音声の明瞭性が阻害されるため，案内放送や災害時の非常放送などが聞き取りにくくなるなど利便性や安全面においても問題がある。

海外の空港などでは，天井や壁面に吸音処理が十分施され，静かで落ち着きがあり，案内放送も非常に聞き取りやすい施設が多い。しかし，残念ながらわが国の公共空間では室内音響設計の重要性の認識がまだ薄く，吸音不足の施設が少なくないのが現状である。床はメンテナンスなどの点から，反射性の床材とせざるを得ない場合が多いと考えられるが，天井や壁面など吸音できる箇所は徹底して吸音することを心掛けるべきであろう。また，公共空間のような大規模空間においては，音声伝送の明瞭性を著しく阻害するロングパスエコーやフラッタエコーが生じる危険性も高いため，それが危惧される反射壁には拡散体を付加するなど，音の拡散にも注意を払う必要がある。

4.5.7 住宅の居住空間

従来，住宅に音響設計を施すことは，リスニングルームや音楽練習室がある住宅を除きほとんどなかった。しかし，近年の住宅床のフローリング化やリビング・ダイニングのワンルーム化，高い天井などによる室容積の増大に伴い，住宅の居住空間においても吸音不足による問題が顕在化しつつある。一般的な住宅の壁・天井の内装仕上げである石膏ボード類は中高音域の吸音率が小さく，室容積に見合った室の等価吸音面積が確保できないため，残響時間が長く音圧レベルが大きくなる傾向にある。そのため，少し離れると会話音声が不明瞭になる，テレビ音声が不明瞭になる，料理や皿洗いなど家事の音がうるさい，歩行時のスリッパの音など発生音が響く，などの問題が生じるのである。すべての住宅に音響設計が必要なわけではないが，室容積の大きいリビング・ダイニング，天井の高い空間構成などを計画する場合，吸音の設計を心掛けるとよい。また，大容積の空間でなくとも寝室などでは室の平均吸音率を0.3以上に吸音処理することによって落ち着き，高級感などの空間印象が得られるとの研究報告もある[21)]。

引用・参考文献

1) M. R. Schroeder：Diffuse sound reflection by maximum-length sequences, J. Acoust. Soc. Am., **57**, 1, pp. 149-50（1975）
2) M. R. Schroeder：Binaural dissimilarity and optimum ceilings for concert halls：more lateral sound diffusion, J. Acoust. Soc. Am., **65**, 4, pp. 958-963（1979）
3) ISO/FDIS 17497-1：Acoustics — Measurement of the sound scattering properties of surfaces — Part 1：Measurement of the random-incidence scattering coefficient in a reverberation room（2000）
4) M. Vorländer and E. Mommertz：Definition and measurement of random-incidence scattering coefficients, Applied Acoustics, **60**, 2, pp.187-199（2000）
5) AES-4 id-2001：AES information document for room acoustics and sound reinforcement systems — characterisation and measurement of surface scattering uniformity. J.Audio Eng. Soc., **49** , 3, pp. 149-165（2001）
6) T. J. Hargreaves, T. J. Cox, Y. W. Lam, and P. D'Antonio：Surface diffusion coefficients for room acoustics：Free field measures, J. Acoust. Soc. Am. **108** , 4,

pp.1710-1720（2000）
7) T. J. Cox and P. D'Antonio：Acoustic absorbers and diffusers：Theory, design and application, Second edition, Spon Press（2009）
8) T. Hanyu：A theoretical framework for quantitatively characterizing sound field diffusion based on scattering coefficient and absorption coefficient of walls, J. Acoust. Soc. Am., **128**, 3, pp.1140-1148（2010）
9) 羽入敏樹：マルコフ連鎖に基づく拡散を考慮した室内残響の数理モデル，日本建築学会環境系論文集，**81**, 720, pp. 141-151（2016）
10) A. Omoto：Comment on "A theoretical framework for quantitatively characterizing sound field diffusion based on scattering coefficient and absorption coefficient of walls [J. Acoust. Soc. Am., **128**, pp.1140-1148（2010）]", J. Acoust. Soc. Am., **133**, 1. pp.9-12（2013）
11) T. Sakuma：Approximate theory of reverberation in rectangular rooms with specular and diffuse reflections, J. Acoust. Soc. Am., **132**, 4, pp.2325-2536（2012）
12) N. G. Kanev：Sound decay in a rectangular room with impedance walls, Acoustical Physics, **58**, 5, pp. 603-609（2012）
13) B. F. Day, R. D. Ford, and P. Lord：Building Acoustics, Elsevier（1969）
14) 日本建築学会編：学校施設の音環境保全規準・設計指針，日本建築学会環境基準 AIJES-S001-2008
15) D. M. Sykes, G. C. Tocci, and W. J. Cavanaugh：Design Guidelines for Health Care Facilities（2010）―Sound & Vibration 2.0, Springer（2010）
16) L. Cremer：Different distributions of the audience, Proc. International Symposium on Architectural Acoustics, Auditorium Acoustics,Appl. Sci. Publ. 9, pp. 145-159（1975）
17) W. J. Cavanaugh, W. R. Farrell, P. W. Hirtle, and B. G. Watters：Speech Privacy in Buildings, J. Acoust. Soc. Am., **34**, 4, pp.475-492（1962）
18) ISO3382-3, Acoustics ― Measurement of room acoustic parameters ― Part 3：Open plan offices（2012）
19) ASTME1130-08, Standard Test Method for Objective Measurement of Speech Privacy in Open Plan Spaces Using Articulation Index, ASTM International（2008）
20) 清水寧ほか：スピーチプライバシーの確保を目的とした建築設計～音声情報漏洩防止～，日本建築学会第 78 回音シンポジウム資料（2017）
21) 渡辺大助，長谷川恵美，中谷純，羽入敏樹，星和磨：吸音による住空間の音環境快適化に関する基礎的研究，日本建築学会環境系論文集，**76**, 662, pp. 345-353（2011）

5章 電気音響設備

◆本章のテーマ

建築音響の分野においても，電気的に収音し，増幅して聴取者に届ける機能は非常に重要である。この役目は幅広く，音楽や音声の拡声，収録，響きの付加や調整，観客への案内，各種アナウンスなど，多岐にわたる。ここではその概要と機能，いくつかの実例と性能の評価に関して述べることにする。

なお，本章で取り扱う電気音響設備に関しては，いくつかの歴史的な文献を別にして，できるだけ最新の情報やメーカの情報をウェブページなどで満遍なく紹介するほうが読者の利便性は高いと考えられる。このため，さらなる学習のための章末の参考文献においては，URLを多めに示している。

◆本章の構成（キーワード）

5.1　電気音響設備の概要

電気音響設備を用いる空間と目的，電気音響設備に求められる機能と性能など

5.2　電気音響設備の機能

拡声，明瞭性の向上，音像の操作，残響付加などの音場制御

5.3　電気音響設備の特徴

スピーカシステム，システムの仕様の例，多目的ホール，コンサートホール，劇場における電気音響設備

このほかの建築空間における電気音響設備

5.4　電気音響設備の評価

測定項目と概要，測定点の設定―受音点の設定―，試聴の重要性

5.1 電気音響設備の概要

5.1.1 電気音響設備を用いる空間と目的

建築音響の分野で取り扱う空間の規模は非常に幅が広い。これは，例えば小規模なスタジオの調整室から，劇場，多目的ホール，コンサートホール，そして数千人から数万人の観客が入る大規模集客施設までに及ぶが，すべての規模の施設において建築の音響設計が必要になるのと同じく，電気音響設備のシステム設計，適切な機種の選定と導入，調整が不可欠となる。本章では主としてホールや劇場などの空間における電気音響設備を対象に，その基本的な機能を紹介する。

建築音響で扱う各種空間において用いられる電気音響設備の目的と機能，および求められる性能の概要を**図 5.1** に示す。ほかにも，例えば屋外で行われる音楽イベントなどでの仮設の電気音響設備の使用も考えられるが，ここでは建

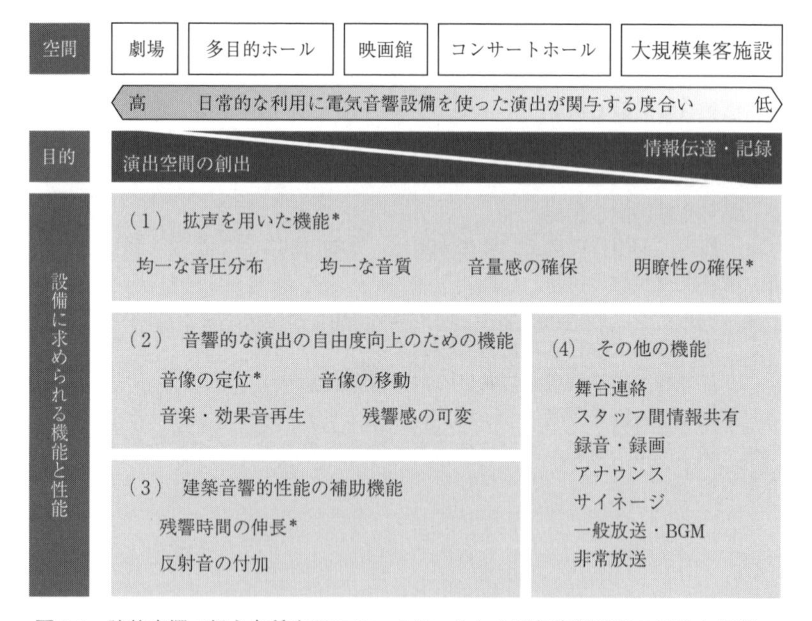

図 5.1　建築音響で扱う各種空間において用いられる電気音響設備の目的と機能，および性能の概要（「＊」を付けた項目は 5.2 節で詳細に説明する）

築の音響設計と一体となった利用に限定している。

図では，劇場，多目的ホール，映画館，コンサートホール，大規模集客施設を例として取り上げ，日常的に電気音響設備を用いた演出が関与する度合いに応じて並べている。設備の目的を大きく演出空間の創出と情報伝達に分けているが，もちろんこの目的はいずれの空間にも適用される。下段には目的のために必要となる機能，求められる性能を示している。

拡声はいずれの目的においても重要な機能であり，均一の音場を生成し，明瞭に情報を伝達する性能が要求される。演出空間の創出においては，その自由度を向上させるために音像の定位や移動，さらに効果音や音楽の再生など，実施されるコンテンツと一体となって必要になる機能が中心である。電気的な音の付加によって，残響時間や人が感じる残響感を可変にする機能も有するが，これは建築音響設計で実現された性能を補助あるいは拡張するものであると考えられる。情報伝達に関しては，舞台とスタッフの情報共有，アナウンスやサイネージ，また非常放送などの基本的な機能が含まれる。具体的な設備は，照明や舞台機構など他の電気設備とのバランス，一体感を持ってグレードが決められ，設計される。

5.1.2 電気音響設備に求められる機能と性能

〔1〕 **拡声を用いた機能**　拡声は，一般的に public address の頭文字から PA，また sound reinforcement の頭文字から SR と呼ばれる。基本的にはマイクロホンとスピーカの組合せで，音声や音楽によって発せられた音のエネルギーを電気的に増幅して放射し，観客へと届ける仕組みであり，電気音響設備の基盤である。客席の広いエリアで，均一な音圧分布，音質を実現し，音量感と**明瞭性**を確保する機能と性能が求められる。

音声などの持つ情報を届けることを主眼とし，音質的なことは比較的重視されない拡声を PA，ロックやポップスなど，音楽などの明瞭度を確保しつつ，電気的に信号を増幅して放射する，コンサートなどで行われる高品質な拡声を SR と区別することもあるが，本質的に大きな違いはない。音を聴衆に届けるという意味ではいずれもPAであり，音源の音に，増幅や音像の操作など，何らかの補強，増強を行う拡声という意味ではSRである。壁面で生じる初期反射音は，電気的な設備を使わないという意味で建築的，あるいは物理的な手段によるSRととらえることもできる。特に海外ではこれらの区別は明確ではなく，むしろsound systemとまとめて呼ばれている。本章では，「PAやSRのシステム」，あるいは単に「拡声」といった呼び方を用いる。

舞台上には，時には100本を超えるマイクロホンが設置されることもある。これらの出力を大きく劣化させることなく音響調整卓に伝送する必要があり，拡声のために十分な数の回線を確保することも設計段階で重要である。また，多チャンネル高品質伝送のためのディジタル化，ならびにIPネットワークとの一体化も進みつつある。

この拡声においては，スピーカから出力された音が再びマイクロホンに入り込み，それがまた増幅されたうえで放射されて**ハウリング**と呼ばれる一種の発振状態を生じることがある。電気音響設備を用いた拡声においては不可避な現象であるが，拡声音の品質が本質的に損なわれることになり，抑制すべき現象である。このために，マイクロホンやスピーカの向き，さらにはそれぞれの指向性を利用して必要以上にループゲインが大きくならないようにするのが基本的な方法である。

これに加えて，マイクロホン-音場-スピーカから再びマイクロホンに至る一連のループの伝送特性の中で，レベルが急速に上がる周波数を検出して，ゲインをノッチフィルタで局所的に抑圧する機材も存在する。ハウリングサプレッサと呼ばれているが，同時に複数の周波数でのハウリングに対応するものや，周波数検出機能に独自のアルゴリズムを用いた機材も存在する。

〔2〕 **音響的な演出の自由度向上のための機能**　拡声を行うスピーカによって，音像を定位させる，あるいは時には意図的に移動させるなど，演出と一体となった機能も求められる。また演劇などでは，場面に応じた効果音が用いられる。このための拡声も必要である。演劇専用のホールであれば，意図した場所から意図したタイミングで必要な音を出すなどの仕掛けや，音像の移動

など，まさにSRと呼べる演出や強調のための操作，また場面に応じた残響感の可変などの空間的な調整までが行われる。役者の位置と音の定位が重要になる場面では，室に固有の反射音構造などによる不自然な定位を避けるための調整など，細かい操作が行われることもある。

各種公演における音楽の再生，伴奏の再生なども重要な機能である。明瞭な音を届けるという機能のほかに，広帯域でフラットな周波数特性，広いダイナミックレンジを確保した，いわゆる高忠実度（ハイファイ）の音が求められる。またポップス系のコンサートなどにおいてあらかじめ録音してある音楽を用いることもあり，PA，SRと一体化している場合も多い。

ポップスなどのコンサートにおける音楽の拡声では，ホール特有の音の響きや音色に対応し，上述のハウリングへの即座の対応もできるように，音響調整卓を場内に設置する方式が主流である。一般的には事前準備として，拡声した音色を整えるのと同時に，実際に音を耳で聴きながらハウリングの危険性のある周波数に関してイコライザなどの機材でレベルの調整を行うことも多い。

〔3〕 **建築音響的性能の補助機能**　音響学の分野でいわれる「音場再生」，つまり物理的な特徴を再現するための拡声がホールで日常的に用いられる例は少ない。何らかの制御的要素が用いられる場合においても，音場の操作といった意味合いが強く，不足している残響を伸長する，必要な音を遅延とともに付加して音像定位を操作する，反射音を付加する，直接音のレベルを補強するといった目的の場合が多い。このような音場の操作は比較的古くから提唱され，行われている。建築の音響設計と一体化して計画される性質のものであり，建築音響で達成できる性能を補助，拡張する機能である。具体的な実現方法に関しても，やや古いが室内に数多く分散した共鳴器中の共鳴音を再放射する方式，遅延とともに各所に配置したスピーカから放射することで音像の操作までを考慮する方法，電気的に所望の響きを付加する方式などが継続的に提案されている。建築音響的には重要な機能であり，詳細は5.2節で示す。

〔4〕 **その他の機能**　主として情報伝達や記録のための機能である。舞台とスタッフの間，あるいはスタッフ間の情報共有などにも設備は必要である。

また，コンサートホールにおけるクラシック音楽などの録音や，多目的ホールにおける催し物の記録など，一般的にホールではさまざまなグレードの録音が行われる。単なる催し物の記録の場合は，音の情報を場内のPAや音楽のSRの回線から電気的に得ることも考えられる。しかし，例えばコンサートでの音楽の録音を行う場合には，楽器や演奏者の近傍に配置したマイクロホンと，会場の響きを収録するマイクロホンを別に設け，収録した音を個別に収録してミキシングするのが一般的である。また，このように収録した音はそのまま放送に用いられる場合もある。このために舞台の近くに録音スタジオの調整室のような機能を有し，モニタスピーカと調整卓などの機材を設置した空間が存在することもある。このような空間がない施設では，楽屋などに仮設で設置することもある。このような録音においては，一般的に多くの数のマイクロホンを用いる。また再生環境も多チャンネル化が進んでおり，このために収録に際しても多チャンネル対応のミキシング環境が求められている。この点も拡声と同様である。

ステージ上に講演者がいるような拡声とは異なり，ステージ奥の別の場所からのアナウンス（いわゆる影アナ），チャイムや背景音（BGM）としての音楽などを含めて広く音の情報を流す仕組みも必要である。この設備が対象とする聴取者は，必ずしも音を聴こうとしているわけではなく，他に注意が向いている場合や何らかの動作を行っていることも多い。求められる性能は拡声と同様であり，明瞭な音声を適正なレベルで提供できることである。機材としては拡声と共通の場合もある。この場合はマイクロホンとスピーカが別の空間にある場合や，再生機器から電気的に与えられている場合が多く，ハウリングの可能性は低い。

5.2　電気音響設備の機能

5.1節で述べたように，ホール，劇場などにおける電気音響設備に求められる機能は多岐にわたる。これをさらに大くくりにして，音場内で観客などの聴取者の立場からその目的を考えると，十分な大きさの音楽や音声の情報が十分な明瞭性で提供され，さらに残響付加や音像移動などの効果が適切に感じられることとなるであろう。ここでいう「適切」とは，付加されていることに気付かない，という意味も含み，あくまで上演されている内容の意図に沿ったという意味である。例えば建築音響設計を補助する残響付加ではその存在が観客に気付かれないことが重要である。一方，演劇などの演出の場合は自然さを求められる場合や，効果的に認識されることが意図される場合もある。

ここでは特に建築音響において重要と考えられる，拡声に関する全般的な機能，明瞭性の確保，音像の操作，残響の付加に関して紹介し，最近用いられることの多いスピーカシステムや，実際のホールにおいて要求される仕様に関する例を示す。

5.2.1 拡　　声

PA や SR，その他の機能において，微弱な音波の信号を電気的に増幅し，十分な大きさに拡声して聴衆に届けることは，電気音響設備の基本である。音楽を対象とする場合は 63 Hz ～ 8 kHz，音声のみが対象の場合は 100 Hz ～ 4 kHz に帯域制限されたピンクノイズを音源信号として，おおむね**表 5.1** のような音圧レベルを目標に計画する。この値は平均的なレベルであり，ピークでは 10 dB 程度は上昇し，そのレベルでもひずまないことが必要である。また具体的には施設ごとに要求される仕様に従う。

これらの音圧レベルを，できるだけ多くの座席位置で一様に供給できること

表 5.1　電気音響設備による必要な音圧レベル

電気音響設備を使用する場所	目標とする音圧レベル〔dB〕
講演で用いる講堂など	75 ～ 80
集会場，宴会場など	80 ～ 85
屋外スポーツ施設	80 ～ 95
多目的ホールでの音楽イベント	90 ～ 95
いわゆるロック系の音楽（仮設システム）	105 ～ 120

が望ましい。ステージ上に音源が1つ存在する際，座席の位置，つまり受音点の位置においては反射音の構造が異なり，そのために音圧レベルにも差が生じることは明らかである。電気音響設備はこの差を補完するためにも用いられる。通常では音が届きにくい場所の近くにスピーカを配置し，足りない音を供給する。客席の音圧レベル分布測定は，受音点を数十席に1点設定し，それらで測定される音圧レベルのばらつきが，おおむね偏差6 dB以内などが具体的な目標として要求される。

なお，シミュレーションなどを通して検討を行う場合，反射音を加味した音圧レベルではなく，あくまで直接届く音で検討が行われる。指向性によって1つのスピーカが音を届けることができる範囲や，システム全体の設定も，あくまで直接音がどの程度届くかで検討を行う。つまり，波動的よりも幾何的な考えに基づいて，さまざまな検討が行われる。建築音響において壁面や天井は初期反射，残響を生じる重要な構成要素であるが，拡声という機能のみで考えると，スピーカ近傍の壁面や天井は，むしろスピーカの音質に影響を及ぼすネガティブな要因ととらえられることもある。

再生される音の周波数特性も重要である。録音スタジオなどで用いられるモニタスピーカは，各種調整を行った際の効果を測るための物差しであり，再生周波数範囲にわたって平たんな特性が求められる。しかし，ホールや劇場でこのような特性の音を放射しても不自然さを感じることが多く，一般的には低域と高域を緩やかに減衰させた以下に述べる特性を目安に，最終的には聴感的に違和感がないように調整される。なお，周波数特性の設定は後述の音像の操作にも関係する。

図5.2に，これまで一般的に用いられている（a）再生音場での伝送周波数特性の推奨範囲，および（b）その実現のためにスピーカに求められる周波数特性を示す。図（b）に示す無響室内で測定したスピーカの出力はやや高域で高い値であるが，音が空間に放射されて伝搬するに従って自然に減衰することで，図（a）の特性に近づくことになる。なお，これはあくまで1つの目安であり，後述のように具体的に要求される周波数特性は，例えば「160 Hzか

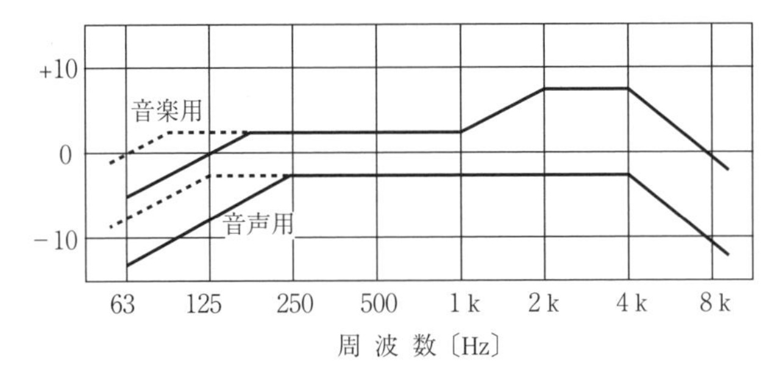

（a） 再生音場での伝送周波数特性の推奨範囲

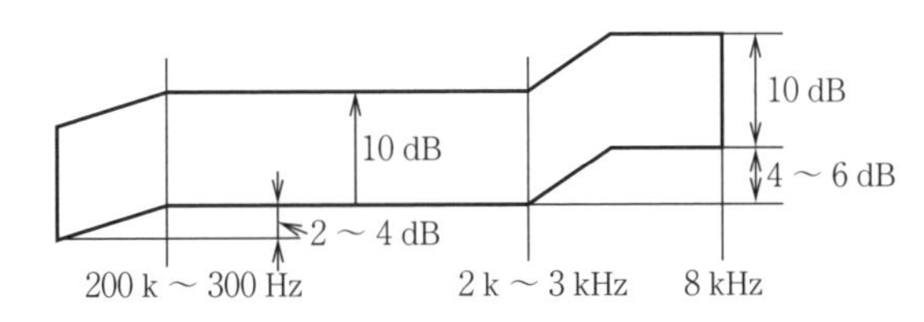

（b） 図（a）に示す推奨範囲を実現するための
スピーカの周波数特性

図 5.2 伝送周波数特性の推奨範囲，およびその実現のためのスピーカの周波数特性の例

ら 5 kHz まででばらつきが 10 dB 以内」といった値で与えられることが多い。

電気音響設備を利用する際に注意すべき現象の 1 つがハウリングである。これはスピーカ，マイクロホン，増幅器のような音響系を含む回路の正帰還によって生じる発振現象と定義される。特定の周波数で生じることがほとんどであり，つまり純音成分が強い大きな音が生じる現象として観測される。ホールや劇場で何らかの演目を行っている場合に生じると，著しくその品質を損なう。防止するための機材も整備されており，また，ハウリングを生じさせないための指標も用いられている。これは**安全拡声利得**と呼ばれる。**図 5.3** に安全拡声利得の測定システムと測定手順を示す。

測定手順はつぎのとおりである。

① 舞台上に置いた話者模擬用の 1 次音源スピーカから音を放射し，同じく舞台上の拡声用マイクロホンで収音し，拡声する。

② ハウリングを生じる限界のレベルを聴感で探り，そのレベルから 6 dB

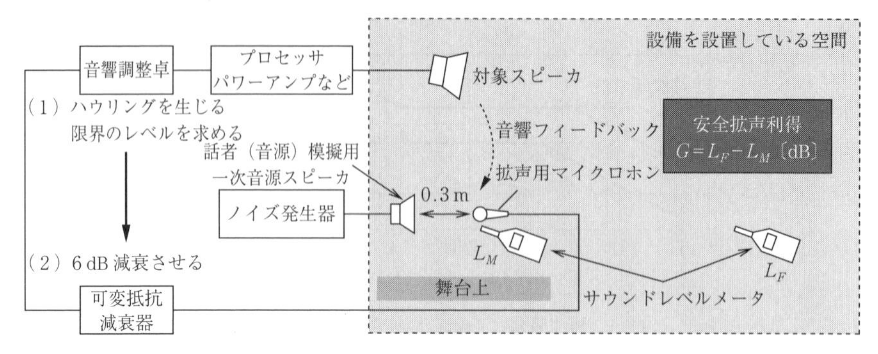

図 5.3　安全拡声利得の測定システムと測定手順

下げた安全な状態で，ステージ上のマイクロホン位置での音圧レベル L_M と，客席中央での音圧レベル L_F との差，$G=L_F-L_M$〔dB〕を求める。これが安全拡声利得である。この値が大きいほど，客席に対して十分な音圧が供給されることになる。

例えば，マイクロホンから 0.3 m の距離で話者が喋（しゃべ）っている場合を想定する。$G=-10$ dB である場合，客席ではマイクロホン位置より 10 dB 低いレベルが聞こえることになる。純粋に距離減衰のみを考慮した場合は，おおよそ距離が 3 倍になることに相当し，拡声された音はおおよそ 0.9 m の位置に話者がいるのと同等である。一般的には G の値が 0 ～ −6 dB できわめて良好な状態，−8 ～ −10 dB 程度が一般的な状態とされている。

5.2.2　明瞭性の向上

十分な音量が確保されることは，音声などの明瞭性の向上に繋がる。同時に，明瞭性に関しては反射音の構造も大きな影響を与えることも明らかである。この明瞭性の測定指標としては**図 5.4** に示す **MTF**（modulation transfer function）から周波数帯域ごとに算出される **STI**（speech transmission index）がよく用いられている（2.7.5 項〔2〕参照）。100%の振幅変調をかけたノイズを音場に放射し，反射音や暗騒音などによってその振幅がどの程度「鈍るか」を指標化するものであり，IEC 規格（60268-16, 2011）においては，図に

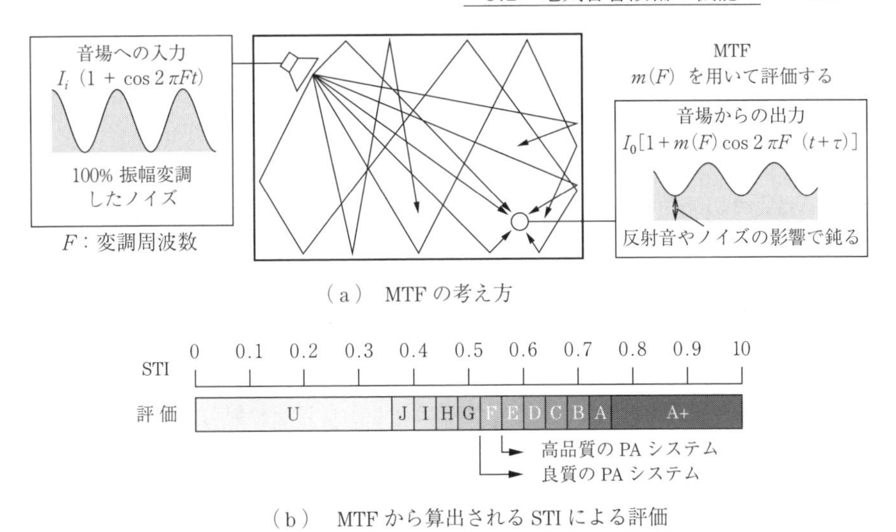

（a） MTF の考え方

（b） MTF から算出される STI による評価

図 5.4 MTF の考え方と STI による評価

示すように，一般的に 0.52 以上で良質の PA，0.56 以上で高品質の PA とされている。この STI は電気音響設備のみではなく，建築的な条件から定まる残響による明瞭度の評価にも用いられる指標であり，統一的な比較などには有効である。

一方で，演劇などで用いる劇場におけるセリフの明瞭性は，物理的に測定できる STI のみではなく，音像の定位，距離感，方向感など，演出とのマッチングを加味して考慮されるべきであるという最近の研究もあり，その評価は明らかに複合的である。この演出には，電気音響設備による音像制御や音場制御が有効に働きうるが，その仕様や要求される性能は，物理的に明確に記述できるものとは限らず，操作の容易さ，確実さや可変の範囲なども含んだ使い勝手に対応するものとなる。

また，クットルフは，直接到達する音から 100 ms 以上遅れる音が明瞭性の確保に有害であると定義し，残響時間 T，室の容積 V，音源スピーカの利得 γ を用いて，良好な了解性でスピーチを増幅できる距離範囲の目安 $r_{\max}$ を以下で与えている。ここでいう利得 γ は，指向性係数とも呼ばれ，音源であるスピーカから同一距離の各点における最大音圧と平均音圧の比で定義される値である。全指向性の音源では 1，極端に偏った指向性を持つ場合は大きな値となる。

$$r_{\max} = 0.057\left(\frac{\gamma V}{T}\right)^{1/2} 2^{1/T}$$

5.2.3　音像の操作

PA や SR のシステムは，直接音を用いて音像の操作を行う。つまり，ステージ上に演者がいる場合にはできるだけその近くから音を放射して，安定した定位を確保したい。しかし実際にはスピーカはステージの横や，プロセニアムがある場合にはその上部などに設置され，音像はスピーカの設置場所の近くに生じる。そのままでは視覚から得られる情報と聴覚の情報に大きな乖離が生じることになるので，この開きを小さくするために，さまざまな検討と工夫が行われる。ここでも，　検討はあくまで直接音による音量の差，あるいはハース効果（第一波面の法則）を考慮して，幾何的である。

工夫の 1 つは，補助スピーカの利用である。**図 5.5** に，補助スピーカを用いた音像操作のイメージ図を示す。図は，サイドスピーカによりステージ外に定位してしまう音像を，バルコニー下に取り付けた補助スピーカから出す音によりステージ方向に引き戻す様子，またプロセニアムに設置したメインスピーカによって頭上に定位してしまう音像を，ステージ下に配置したフロント（補助）スピーカから伝わる音でステージ方向へと引き戻すことを表している。

実際のホールでは，ハース効果を考慮して補助スピーカからの出力に遅延をつけることも行われる。なお，すべての受聴者に対して最適な解は存在せず，ある程度の領域での効果が得られると考えられる設定をみつけることになる。

なお，PA や SR で拡声される音は，基本的にモノラルにミキシングされた音であることが多い。通常のオーディオのように，左右のスピーカに音量を振り分け，楽器ごとの配置を調整する，いわゆるステレオ効果を求められることは少なく，これはどちらかといえば特殊な効果として扱われる。モノラルに

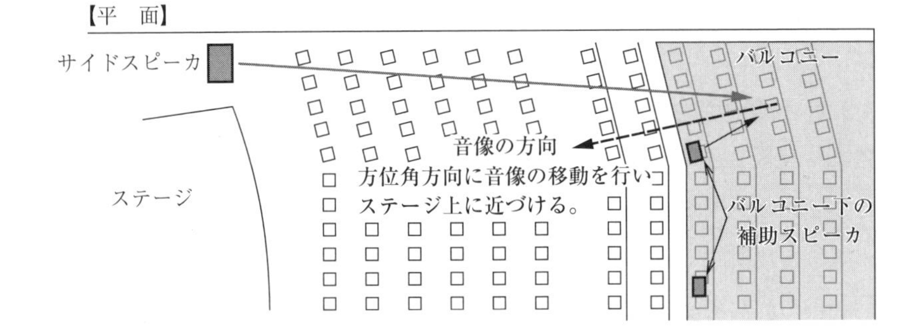

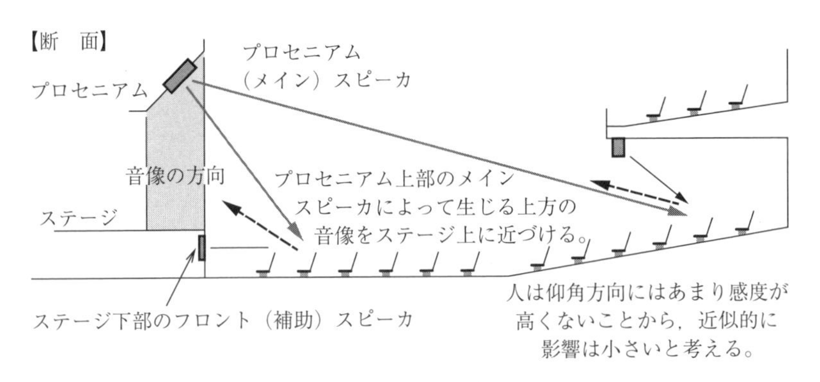

図 5.5 補助スピーカを用いた音像操作のイメージ図

ミックスされた中において，各楽器が適切なバランスで含まれているかに注意が払われる。このモノラルの音が，適切な周波数補正と遅延を施された後に，各スピーカから放射されることになる。

音の周波数特性を補正する操作は，一般的にイコライジングと呼ばれる。1つの機能としては極端なピークやディップを補正して平たん化するということがあるが，さらに音像の距離感を操作するためにも用いられる。長い距離を伝搬した音，つまり遠方に存在すべき音は，高域から多く減衰する。これは周波数特性でいえばピンク特性のように，高域に向かって右下がりの特性にあたる。できるだけ離れた位置に定位をさせたい音に関しては，高域を多く減衰させたイコライジングを行う。これは演出上の意図によって使い分けられるものであり，例えば，オクターブ当り何 dB 減衰させるべきであるといった定量的な指標があるものではない。

5.2.4　残響付加などの音場の制御

残響や反射音を増強するための電気的システムの歴史は古く，1960年代からさまざまな形式が試みられている。ホール内で収音した音を隣接するエコールームに再放射して残響を付加したうえで，ホール内の天井に設置したスピーカ群から再放射するものや，ホール内にさまざまな周波数にチューニングしたヘルムホルツ型，あるいは1/4波長型の共鳴器を設置して，その共鳴音を電気的に増幅して再放射する形式など，現在でもアイデアとしては斬新で，注目すべき工夫を行ったものが多い。原理的には60年代から大きく変わっているものではないが，その実現の方式が電気的になり，さらにディジタル化して高いSN比，高音質で行われるようになってきている。

現在ではおおむね以下の7種類（下記の〔1〕①～④および〔2〕①～③）程度のシステムが商業的にも紹介され，実際に用いられている。信号を音源の近くで収録してフィードバックの影響を避け，所望の響きを付加する方針のもの（in-lineシステムと呼ばれる）と，拡散音成分を収録，再放射し，フィードバックループとの折り合いをつけて，むしろ積極的に利用するもの（non-in-lineシステム）に大きく分類できる。

〔1〕 in-lineシステム

① Lares：Lexiconの時変リバーブエフェクタをもとにオランダで開発されたシステム。ホールだけではなく，宗教施設や屋外のシステムなど幅広く導入されている。

② SIAP（system for improved acoustic performance）：①と同じくオランダで開発され，自然な残響を付加できるとの説明が行われている。

③ ACS（acoustic control system）：オランダのデルフト工科大学の研究成果をもとに構築されているシステム。多くのチャンネルを用いて放射音の振幅を確保する特徴を持っている。

④ VIVACE：Müller-BBMにおいて開発されている総合的音場支援システ

ム。ホール設計時から反射音補強など種々の機能をカスタマイズして盛り込む方式である

〔2〕 **non-in-line システム**

① Constellation：variable room acoustics system という考え方を発展させながら，Meyer Sound において室内の音響条件を幅広く可変にする手法として提案されている。

② AFC（active field control）：わが国のヤマハから提案されているシステムである。フィードバックを積極的に利用しながらもハウリングを避けるために，マイクロホンとスピーカの組合せを時々刻々変更するなど，独自のアルゴリズムが用いられている。

③ Carmen：フランスで開発されたシステム。比較的小規模なマイクロホンとスピーカの組合せで構成され，これらが仮想的な反射音を生じる壁のように振る舞う。このユニットを多数用いることで，反射音を増強し，複数のシステムが相互に音を拾うことで残響の補強にもなる。

図 5.6 に，上の〔1〕，〔2〕で述べたホールにおけるおもな音場制御・支援

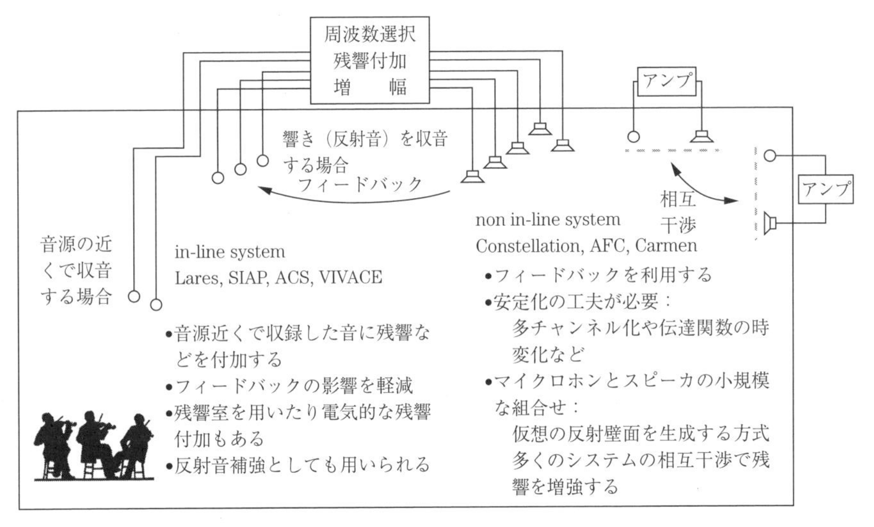

図 5.6 ホールにおけるおもな音場制御・支援システムの全体的な概要図

システムの全体的な概要図を示す。いずれのシステムも，ホールなどの音響設計の一環として，あるいは改修の際の付加的な機能として提案されており，それぞれの状況に応じたカスタム仕様になることが一般的である。また，原理的には音場の音を収音して再放射するわけであり，当然音響的なフィードバックに伴うハウリングの危険は存在する。そのための利得の制御や，伝達特性を時変とする方法などで差別化が行われている。基本的には，単に残響が付加された音がスピーカから出ていると認識されることを避けるために，多くのマイクロホンとスピーカを用いたシステムが導入されることになる。十分な数，高品質，そして安定したシステム設計が前提となる。

また，手法にかかわらず，システムの導入を積極的に公表することを避けている事例も多い。システムを稼働していないにもかかわらず，響きが電気的，人工的であるとの苦情が寄せられる場合など，一種の拡声アレルギーがみられる場合もある。電気的に響きをサポートするという概念が一般的に受け入れられるかどうかは別途慎重な検討が必要である。

操作の面で考えると，システムの使いやすさと自由度の両立を考える必要がある。一般的にこのような音場の制御システムは多チャンネルのシステムであり，複雑である。これを手軽に使うためには，ある種のプリセットが有効であり，ボタン１つで所定の設定が呼び出せる機能は有効と考えられる。しかし同時に，観客の入り具合や演目の特徴などによって，時々刻々設定を修正していく必要も生じる。このように，音場制御システムを真に活用するためには，簡易な操作性とともに，機能と効果を理解したうえで，音場の特性を聴き，判断できるオペレータの養成と継続的な配置も重要な要因である。

5.3　電気音響設備の特徴

5.3.1　スピーカシステム

ホールや劇場での電気音響設備の中でも，スピーカは音の出口であり直接音を届ける重要な機材である。5.2.3 項「音像の操作」で示したように，ホールなどでの電気音響設備の配置は，直接音の幾何的な到達の様子で検討することが多い。その際，指向性に関しても，正面特性から 6 dB 減衰するまでの範囲をカバーエリア（あるいは単にカバー，カバレージなど）と称して各スピーカの受け持ち範囲を決める。各メーカの機材にはさまざまな意図，構想で設計が行われており，実際のスピーカの指向性は複雑であるが，周波数に応じた指向性やカバーエリアの違いなどは無限大バッフルに円形の平面ピストン音源が埋め込まれている簡単なモデルで考察するとイメージしやすい。

図 5.7 に，半径 a の円形平面音源がピストン運動しているときの放射音圧の指向性を示す。音源の半径 a と波長 λ の比 a/λ が，0.125 ～ 2.0 の場合を示している。例えば，半径 8 ～ 10 cm 程度のスピーカを想定すると，おおよそ 500 Hz, 1 kHz, 2 kHz, 4 kHz, 8 kHz にあたる。半径が倍になれば，周波数は半分になると考えればよい。いずれについてもスケールは正面の値を 1 にした音圧の絶対値の比で表しており，音圧レベルではない。またそれぞれの場合について振幅が 0.5，つまりレベルで −6 dB となるまでのカバーエリアを示しており，0.125 と 0.25 の場合では 180°，0.5 の場合が 90°，1.0 でおおよそ 40°，2.0 で 20° であり，高周波数では狭くなることが明らかである。カバーエリアと周波

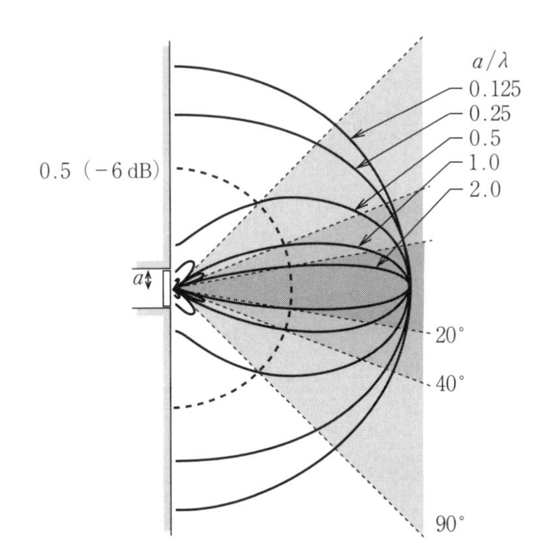

図 5.7　半径 a の円形平面音源がピストン運動をしているときの放射音圧の指向性

数を把握したうえで配置計画を行うことが必要である。

多目的ホールでは，プロセニアム開口部の上部，または両サイドの位置に，あらかじめスピーカが設置されていることが多い。特に拡声や音楽の再生などにはこれで十分な場合もあるが，前述のように音像の操作のためには補助的なスピーカが設置されることも多い。特にバルコニーの下などには導入されることが多い。

一方，ポップスやロックの本格的なコンサートなどでは，十分な音圧を確保するためにも仮設のスピーカを設置することがほとんどである。このスピーカに関して，以前は箱型の大型スピーカを縦積みして必要な音圧レベルを確保することが行われていた。

おおよそ2000年以降は，スピーカユニット個々の小型化，高能率化が進み，全体としてコンパクトなシステム構築が容易になってきている。特に最近では**ラインアレイ**と呼ばれる縦方向に多くのスピーカを並べた形式のシステムを組むことが主流である。この中でも，複数のスピーカを一体として，つまり同相の音を放射して結合した単一音源として扱う場合や，非結合で遅延などを利用して指向性を積極的に利用する場合などがある。

このようなラインアレイの利点としては，倍距離6 dB減衰する点音源から，有限長ではあるものの，多少減衰の度合いが小さい線音源へ近づくことによって遠距離までの到達が期待できること，また複数のスピーカを用いることによる指向性制御の容易さ，つまり意図した方向に意図した音を届けられる自由度の高さなどが挙げられる。いくつかのアレイを組み合わせることで，全体的に一様な音圧を供給することも可能であるし，さらにさまざまな演出へも応用可能である。また周波数帯域を分割し，ごく低域は別のウーファーシステムで，低域から中域以降を十分な音圧とともに供給するアレイシステムが組まれることがほとんどである。

拡声用のシステムからは離れるが，最近のパラメトリックスピーカでは，大規模なアレイ信号処理を用いて，異なる方向に異なる音信号を届けることが可能なシステムも試作されている。これは極端な例であるが，将来的にはコンサート用の拡声システムでも，意図した方向に特定の音や音質を提供する演出や，客席の状況に応じた方向別の周波数特性の補正など，多くの使い道が期待される。最近の放送，PA, SR 関係の機器展示会における，拡声用ラインアレイスピーカ試聴会の様子を**図 5.8** に示す。すべてがラインアレイであり，宙吊りができる形式である。また，低域を受け持つウーファーは床上に設置されている。

図 5.8　拡声用ラインアレイスピーカ試聴会の様子（Inter BEE 2017）

5.3.2　システムの仕様の例

表 5.2 に，ホールの設計時に要求される目標音響特性を示した特記仕様書の

表 5.2　目標音響特性を示した特記仕様書の具体例

<table>
<tr><th>No.</th><th>測 定 項 目</th><th>要　　求</th></tr>
<tr><td rowspan="3">（1）</td><td>伝送周波数特性</td><td>偏差 10 dB 以内
（160 ～ 5 000 Hz）</td></tr>
<tr><td colspan="2">測定点：客席測定点（50 席おきに 1 点の座席上）</td></tr>
<tr><td colspan="2">音源信号：ピンクノイズ</td></tr>
<tr><td rowspan="3">（2）</td><td>定常音圧レベル分布</td><td>偏差 6 dB 以内</td></tr>
<tr><td colspan="2">測定点：客席測定点（1 列おき 1 席おきの座席上）</td></tr>
<tr><td colspan="2">音源信号：中心周波数 4 kHz のオクターブバンドノイズ</td></tr>
</table>

表 5.2　（つづき）

（3）	安全拡声利得	−10 dB 以上 （単一指向性の場合）
	測定点：客席代表点（中央の座席上）	
	マイクロホン位置：舞台前部中央，舞台下手司会者位置	
（4）	最大再生音圧レベル	95 dB 以上
	測定点：客席代表点（中央の座席上）	
	マイクロホン位置：舞台前部中央，舞台下手司会者位置	
（5）	残留騒音レベル	NC-20 以上（注）
	測定点：客席代表点（中央の座席上）	
	（注）　客席内許容騒音値以下	

具体例を示す。

仕様書には，このような目標値とともに，測定方法も規定される。基本的には，上記の条件が満たされるように音響調整が行われ，そのうえで測定を行う。その際，「調整結果が自然な音色となっているか，聴感による検聴を行い，その施設および目的に即した音色への微調整を適宜行うこと」など，音色に関する規定が行われているのは特徴的である。

5.3.3　多目的ホール，コンサートホール，劇場における電気音響設備

多目的ホールでは，オーケストラの音楽からロック，ポップスのコンサート，演劇，講演，学校や自治体の行事など，多くの種類の公演が行われる。このために，要求される音響性能に関しても多岐にわたることになり，いくつかの用途に応じて建築的にも音響的にも可変できるホールを多機能ホールと呼ぶことがある。電気音響設備に関しても多くの種類の公演に対応することが求められるが，基本的には PA, SR による拡声が第一義的に重要である。

先にも述べたように，十分かつできるだけ均質な音圧レベル，極端なピークディップのなさなどが要求される。なお，本格的なコンサートになると，ホールに設置してあるスピーカのみを用いるのではなく，一般的には別途スピーカシステムを持ち込んでその公演ごとに最適なシステムの設定を模索することが

多い。音像の設定も演出意図と合致するように公演の都度行われ，ホールに固有のものとなることは少ない。

活用の面で考えると，いわゆる市民ホールとして，公演のみではなく，日頃から人々が集まる施設や，災害時に避難所としての機能を持たせることも多い。この場合，通常のホール内で拡声を行う電気音響設備のみではなく，映像の提供やディジタルサイネージなどを活用した情報提供，他所との情報共有など，複合的な設備の必要性も高まることが考えられる。

一方，演劇などに特化した劇場では，残響は抑えつつ，適度な反射音があってセリフの通りやすい空間が求められる。演劇の公演では，PA システムを用いて拡声した場合，観客には十分な音圧でセリフが届く，しかし，時として声はスピーカの位置に引っ張られ，不自然さが残る。一方，PA を行わない演劇では，つねにセリフは演者から聞こえるため，定位に関する不自然さはないものの，明瞭に届けるために場面の様子によらず大きな声を出す必要があり，表現の幅に制限が生じるなど，演出と併せた総合的な判断が必要になる。

また，演劇における効果音の活用に関しては，多チャンネルの PA, SR システムが有効である。任意の場所に音を配置したり，必要に応じて移動させたりすることが可能になる。これはいわゆる音楽制作と同じく芸術的な操作であり，システムはそのような演出意図に対応できる機能を有することが求められる。また電気音響システムと併せて，初期反射を活用した音像の操作なども可能であり，まさに芸術的な職人の技が使われることになる。

オーケストラなど，生楽器の演奏に特化した純粋なコンサートホールの特徴は，ホールの建築的な仕様のみで十分な響きを有することである。電気音響の観点でいえば，上記の多目的ホールとの大きな区別は，シューボックス型やヴィニャード型を問わず，スピーカ設置の拠り所であるプロセニアムアーチが存在しないことである。いわゆる PA や SR などのシステムの設置は想定されていないためであるが，最近では，単なる場内の一般放送のみならず，演奏者自身からの楽曲解説やその他のトークを交えながらのコンサートなど，拡声と明瞭度が要求される場面も増えている。

このような要求に応えるために，演目における拡声の重要度に応じて，スピーカを昇降させたり，あえてアレイ型のスピーカを露出させたりしておくことで対処することもある。近年はアレイ型のスピーカの小型化，高出力化，さらに指向性制御の容易さもあり，建築的な意匠との整合性を確保したうえで，さまざまな工夫を行うシステム構築も可能になっている。プロセニウムが高い多目的ホールでも同様であり，**図5.9**に，昇降し，収納も可能なアレイ型スピーカの例を示す。完全に収納することも可能な例である。

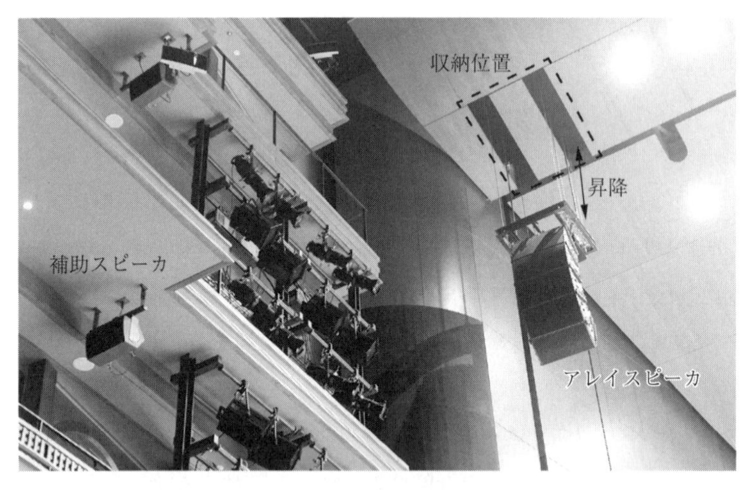

図5.9　昇降し，収納も可能なアレイ型スピーカの例
（横はバルコニー席の補助スピーカ）

コンサートホールにおいても，残響時間の可変などの主たる目的として，音場制御システムが導入される事例も多い。前述したように，このような制御システムの導入に関してはつねに賛否両論あり，設置の公表を望まないホールも多い。しかし，ホールや劇場において経年変化による改修が必要な際には，建築的な費用と比較して，より現実的な価格での性能向上を見込むことも可能であり，適材適所に設置されることで，安定的に受け入れられる事例も増えていくことが期待される。

5.3.4 このほかの建築空間における電気音響設備

上記の施設のほかに電気音響設備が不可欠であり，重要な役割を果たす空間としては，いわゆるドーム球場やアリーナ型の大規模集客施設が考えられる。3万人を超える観客へ音楽を届けることや，演者の声を明瞭に届けることが日常的に行われている。以前は，客席上部の中央付近にスピーカの塊を配置するセンタークラスターが用いられていたが，中央付近に配置することにより特定の位置に反射音が集中することや，低域が全指向性になるなどのデメリットが判明し，現在ではある程度のエリアをカバーするスピーカを分散配置する方式が基本である。またスポーツイベントなどでは，大型映像との併用も多いため，その定位を映像に近づけるなどの融合が図られる。この場合にも，高音質，高出力のアレイスピーカを用いることがほとんどである。

映画館においては電気音響設備が主要な役割を果たす。特にここ数年，立体音響，3Dオーディオ，イマーシブオーディオなどの名のもとに急速に多チャンネルのスピーカシステムの普及が進みつつある。例えば映画に登場する航空機や車など，特徴的な音を出すものを音響オブジェクトとして，音の信号とともにその位置情報を制作の段階で記録し，その情報をもとに配置するシステムを**オブジェクトベース**と呼ぶ。チャンネル数の異なるシステムでも，**振幅パンニング**などの手法で同様の位置に再現することのできるシステムである。この方式を導入して最大64チャンネルの再生が行われる。

また，従来のように決められた配置のスピーカに最適化した音の定位を実現するシステムをチャンネルベースと呼ぶが，これも単なるステレオや水平面内でのサラウンド処理から，高さ方向の配置，移動を意識して多くのスピーカを元に音像定位を演出できるシステム，さらにオブジェクトベースとも互換性を有するシステムなどが一般的になりつつある。

通常の拡声とは異なり，定められたコンテンツの再生を行うためのシステムであるが，それぞれの規格に合わせて適切な信号を適切な振幅・位相で適切なチャンネルに出力するデコーダとともに用いることになる。またそれぞれの規格において，音圧レベルや周波数特性など，守るべき規範が定められている。

特に周波数特性に関しては X-Curve と呼ばれる特性が SMPTE（ST 202 Motion Pictures）や ISO（2969：2015 Cinematography）において規定されている。この中では，スピーカの出力と室内で自然と減衰する高域の特性を合わせた周波数特性が客席数に応じて設定されている。

5.4 電気音響設備の評価

コンサートホールにおいて，直接音と反射音によって構成される音場の評価に関しては，ヒトの主観評価と対応のよい物理指標が提案され，ISO（3382：Acoustics）でも規定されている。一方，電気音響設備に関しては，使用する目的が多岐にわたり，したがって，使用の方法も非常に幅が広くなる。このため，ヒトの主観評価と結び付けた性能評価よりは，どの程度の基礎的性能を有しており，さらにどの程度の自由度を有しているか，という観点からの評価が重要である。

広く知られている性能評価の拠り所として，公益財団法人劇場演出空間技術協会から出版されている『劇場等演出空間における音響設備動作特性の測定方法（JATET-S-6010：2016)』がある。1985 年から用いられて来た前規格が，最近の音響機材や JIS に適合するように改定されたもので，実質的な利用実績は長い。本節では，この中で規定されている測定項目と測定方法，ならびに特徴的な点を示す。

特に多目的ホールなどでは多くの種類の電気音響設備が想定されるが，この規格においては客席に対する拡声装置が対象であり，プロセニアム，およびその側面に配置された主たるスピーカ，およびそれらと一体として使用する客席前部や最後部席などの周辺部席，バルコニー下において用いられる補助スピーカが対象となる。効果音再生用などの設備は対象ではない。

5.4.1 測定項目と概要

『劇場等演出空間における音響設備動作特性の測定方法』において規定され

ている測定項目と測定すべき量は，以下のとおりである。

① 伝送周波数特性：音響設備がどの程度の周波数特性を有するかを，ピンクノイズを入力して，受音点において測定することで検証する。

② 音圧レベル分布：電気的に拡声した際の，客席における音量の均一性を表し，音圧レベル分布の測定によって得られる。一般的には音声の明瞭性の拠り所となる高周波数域を対象とする。

③ 安全拡声利得：5.2.1 項でも示した，ハウリングに対する安定性を表す指標である。大きな値であるほど，ハウリングに対して安定であることを示す。

④ 最大再生音圧レベル：音響設備の最も基本的な性能である，十分な音量が得られるかを示す指標。ピンクノイズを用いて，客席の代表点における音圧レベルで表示される。

⑤ 残留雑音レベル：設備にピンクノイズを入力し，最大再生音圧レベル状態にセットし，そのうえで音響調整卓のフェーダを絞り切ったときにスピーカから再生される雑音の大きさを測定する。結果は NC 曲線などの評価曲線によって評価する。

5.4.2 測定点の設定 ― 受音点の設定 ―

音響物理指標と同様に，マイクは成人の耳の高さを想定して，着席時 1.1 ～ 1.2 m，立ち見席の場合は 1.5 ～ 1.6 m に設定する。受音点の数は，測定項目によって異なる。伝送周波数特性に関しては，1 000 席程度のホールの場合 50 席に 1 点程度と規定されている。また数万人規模の設備では，100 ～ 200 席につき 1 点程度まで許容される。いずれにせよ，数十点から 100 点を超える程度の測定点が必要となる。

音圧レベル分布に関してはさらに多く，2 000 席前後までの多目的ホールでは，測定代表点を含めて 4 ～ 8 席に 1 点を標準に，前後には 1 席または 1 列おきに満遍なく配置することが要求される。例えば，横 36 席，縦に 30 列程度，つまり 1 000 席規模のホールを想定すると，横に 6 席おきとして 6 点，縦に 1

列おきに15列であり，90点の測定となり，音響物理指標の測定に比べて，規模の大きな測定が必要となる。

安全拡声利得，最大再生音圧レベル，残留雑音レベルに関しては，測定代表点のみでよいことが規定されている。ここでいう測定代表点とは，客席中央部などその空間の聴取エリアを代表する測定点である。

5.4.3　試聴の重要性

この規格では「測定に先立ち，マイクロホンを用いた拡声テストと，CDなどの試聴用プログラムを再生して，用途に適した拡声音や目標とする音響効果が広く場内で得られているかどうかを評価・確認する」試聴試験を行うことが規定されている。最終的には拡声される音のレベルとともにその質が問題であるため，十分に音を聞いて，総合的に判断することが求められている。物理的に得られる指標だけではなく，聴感を活用することが重要であり，このためには音を空間で聞き，判断する能力を養成することが必要となる。

参 考 文 献

【ホールや劇場における電気音響設備一般】

1） D. Davis, E. Patronis, and Jr., P. Brown：Sound System Engineering (4th Ed.), Focal Press (2013)
2） B. McCarthy：Sound systems：design and optimization：modern techniques and tools for sound system design and alignment (3rd Ed.), Focal Press (2016)

【最近のネットックワーク導入などの話題】

3） F. Rumsey：Audio networking for the pros, J. Audio Eng. Soc., **57**, 4, pp.271-275 (2009)
4） David Scheirman：Large-scale loudspeaker arrays：Past, present and future (Part one – Computer control, User interface and networked audio considerations), Proc. AES 59 th International Conference：Sound Reinforcement Engineering and Technology, pp.1-2 (2015)
5） David Scheirman：Large-scale loudspeaker arrays：Past, present and future (Part

two – Electroacoustic considerations), Proc. AES 59 th International Conference : Sound Reinforcement Engineering and Technology, pp.1-3 (2015)

【残響付加，音像操作などの音場制御に関して】

6) A. Hardman : Electronic acoustic enhancement systems : Part one, Lighting & Sound America, pp.88-96 (2009)
7) A. Hardman : Electronic acoustic enhancement systems : Part two, Lighting & Sound America, pp.74-79 (2009)
8) P. H. Parkin and K. Morgan : "Assisted resonance" in the royal festival hall, London, J. Sound Vib. **2**, 1, pp.74-85 (1965)
9) N. Sobol : The 'Delta stereophony system' : A multi-channel sound system to achieve true directionality and depth, Proc. AES 6 th International Conference (1983)
10) Lares : https://lexiconpro.com/en/products/lares† (2019 年 8 月現在)
11) SIAP : https://siap.nl/en/variable-acoustics/ (2019 年 8 月現在)
12) ACS : https://www.acs.eu/acs/ (2019 年 8 月現在)
13) VIVACE : http://www.mbbm-aso.com/vivace/vivace-raumklang-reinvented/ (2019 年 8 月現在)
14) Constellation, VRAS : https://meyersound.com/product/constellation/ (2019 年 8 月現在)
15) AFC : https://www.yamaha.co.jp/acoust/_contents/afc.html (2019 年 8 月現在)
16) Carmen : http://www.cstb.fr/dae/en/nos-produits/carmen.html (2019 年 8 月現在)

【映画館における新しい試みの例】

17) Dolby Atmos : https://www.dolby.com/us/en/technologies/dolby-atmos/dolby-atmos-next-generation-audio-for-cinema-white-paper.pdf (2019 年 8 月現在)
18) Auro3 D : https://www.auro-3 d.com/wp-content/uploads/documents/AuroMax_White_Paper_24112015.pdf (2019 年 8 月現在)

---

† 本書に掲載される URL については，編集当時のものであり，変更される場合がある。

索　　引

【た行】

【な行】

【は行】

【ま行】

【ゆ，よ】

【ら行】

【アルファベット】

【数字】

—— 編著者・著者略歴 ——

阪上　公博（さかがみ　きみひろ）
1987年　神戸大学工学部環境計画学科卒業
1989年　神戸大学大学院自然科学研究科修士課程修了（環境科学専攻）
1990年　神戸大学大学院自然科学研究科博士課程退学
1990年　神戸大学助手
1993年　博士（工学）（神戸大学）
1998年　神戸大学助教授
2012年　神戸大学教授
現在に至る

佐藤　逸人（さとう　はやと）
2000年　東北大学工学部建築学科卒業
2002年　東北大学大学院工学研究科博士課程前期課程修了（都市・建築学専攻）
2002年　神戸大学助手
2008年　博士（工学）（神戸大学）
2013年　神戸大学准教授
現在に至る

尾本　章（おもと　あきら）
1987年　九州芸術工科大学音響設計学科卒業
1987年　日東紡音響エンジニアリング株式会社勤務
1991年　九州芸術工科大学助手
1995年　博士（工学）（東京大学）
1997年　九州芸術工科大学助教授
2003年　九州大学助教授（大学統合）
2014年　九州大学教授
現在に至る

豊田　政弘（とよだ　まさひろ）
2001年　京都大学工学部建築学科卒業
2003年　京都大学大学院工学研究科修士課程修了（建築学専攻）
2006年　京都大学大学院工学研究科博士課程修了（都市環境工学専攻）
博士（工学）
2006年　京都大学特定助教
2011年　関西大学助教
2014年　関西大学准教授
現在に至る

羽入　敏樹（はにゅう　としき）
1988年　日本大学理工学部建築学科卒業
1990年　日本大学大学院理工学研究科修士課程修了（建築学専攻）
1990年　松下通信工業株式会社勤務
1994年　日本大学大学院理工学研究科博士課程修了（建築学専攻）
博士（工学）
1997年　日本大学助手
2000年　日本大学専任講師
2007年　日本大学准教授
2014年　日本大学教授
現在に至る

建 築 音 響
Architectual Acoustics

2019 年 12 月 11 日　初版第 1 刷発行

検印省略

編　　者　一般社団法人 日本音響学会
発 行 者　株式会社　コ ロ ナ 社
　　　　　代 表 者　牛 来 真 也
印 刷 所　萩 原 印 刷 株 式 会 社
製 本 所　有限会社　愛千製本所

112-0011　東京都文京区千石 4-46-10
発 行 所　株式会社　**コ ロ ナ 社**
CORONA PUBLISHING CO., LTD.
Tokyo Japan
振替 00140-8-14844・電話(03)3941-3131(代)
ホームページ https://www.coronasha.co.jp

ISBN 978-4-339-01363-4　C3355　Printed in Japan　(中原)